Solange Whegang Youdom

Méthodes d'évaluation de l'efficacité thérapeutique des antipaludiques

Solange Whegang Youdom

Méthodes d'évaluation de l'efficacité thérapeutique des antipaludiques

Application à des données du Cameroun

Presses Académiques Francophones

Impressum / Mentions légales
Bibliografische Information der Deutschen Nationalbibliothek: Die Deutsche Nationalbibliothek verzeichnet diese Publikation in der Deutschen Nationalbibliografie; detaillierte bibliografische Daten sind im Internet über http://dnb.d-nb.de abrufbar.
Alle in diesem Buch genannten Marken und Produktnamen unterliegen warenzeichen-, marken- oder patentrechtlichem Schutz bzw. sind Warenzeichen oder eingetragene Warenzeichen der jeweiligen Inhaber. Die Wiedergabe von Marken, Produktnamen, Gebrauchsnamen, Handelsnamen, Warenbezeichnungen u.s.w. in diesem Werk berechtigt auch ohne besondere Kennzeichnung nicht zu der Annahme, dass solche Namen im Sinne der Warenzeichen- und Markenschutzgesetzgebung als frei zu betrachten wären und daher von jedermann benutzt werden dürften.

Information bibliographique publiée par la Deutsche Nationalbibliothek: La Deutsche Nationalbibliothek inscrit cette publication à la Deutsche Nationalbibliografie; des données bibliographiques détaillées sont disponibles sur internet à l'adresse http://dnb.d-nb.de.
Toutes marques et noms de produits mentionnés dans ce livre demeurent sous la protection des marques, des marques déposées et des brevets, et sont des marques ou des marques déposées de leurs détenteurs respectifs. L'utilisation des marques, noms de produits, noms communs, noms commerciaux, descriptions de produits, etc, même sans qu'ils soient mentionnés de façon particulière dans ce livre ne signifie en aucune façon que ces noms peuvent être utilisés sans restriction à l'égard de la législation pour la protection des marques et des marques déposées et pourraient donc être utilisés par quiconque.

Coverbild / Photo de couverture: www.ingimage.com

Verlag / Editeur:
Presses Académiques Francophones
ist ein Imprint der / est une marque déposée de
AV Akademikerverlag GmbH & Co. KG
Heinrich-Böcking-Str. 6-8, 66121 Saarbrücken, Deutschland / Allemagne
Email: info@presses-academiques.com

Herstellung: siehe letzte Seite /
Impression: voir la dernière page
ISBN: 978-3-8381-7079-4

Méthodologies d'évaluation de l'efficacité thérapeutique des antipaludiques : application à des données du Cameroun

Par :

Whegang Youdom Solange

Dirigée par

Pr. Henri Gwét

Enseignant, ENPS de Yaoundé

Dr. Léonardo K. BASCO

Chercheur IRD, OCEAC de Yaoundé

Pr Jean-Christophe Thalabard

Université Paris Descartes

Remerciements

Je tiens à remercier Jean-Christophe Thalabard, pour l'accueil et l'encadrement pendant mon séjour en France, pour les différents échanges dans lesquels il n'a cessé de m'orienter, son côté pragmatique, sa gentillesse, son souci de clarté et sa patience. Merci d'avoir toujours su répondre à mes questions et d'avoir été disponible pour m'encadrer. Je remercie ici Mme Christine Thalabard.

Mes remerciements vont au comité du programme STAFAV (STatistiques pour l'Afrique Francophone et Applications au Vivant), projet dans lequel j'ai été accueillie comme Doctorante. Je suis reconnaissante à Henri Gwét et Eugène-Patrice Ndong-Nguéma, pour l'accueil et la formation dans le cadre du Master de Statistique à l'école polytechnique de Yaoundé.

Je tiens également à remercier les collègues de l'OCEAC-IRD, en particulier Mr. Leonardo Basco, pour avoir disposé des données sur lesquelles j'ai travaillé et, pour avoir partagé avec moi ses connaissances sur la malaria. Je remercie l'IRD et EGIDE pour le financement de ce travail et l'organisation de mon séjour en France.

Ma gratitude va également à Mme Christine Graffigne et Mme Annie Raoult, pour avoir facilité mes différents séjours au laboratoire MAP5 et, pour avoir soutenu ma candidature pour un prix remis par la Chancellerie des Universités de Paris à laquelle je suis reconnaissante.

Je tiens tout particulièrement à dire merci à Adeline Samson, pour sa gentillesse, pour avoir été toujours disponible à apporter son aide. Je dois reconnaître que sa capacité de lecture aide de façon très pratique. Je remercie Jean-Louis Foulley pour les différents échanges que nous avons eus et qui ont été très bénéfiques pour moi. Merci aussi à tous mes collègues du MAP5 avec qui nous avons souvent partagé des pauses café, merci à Maxime Berar et Julien Stirnemann, à mes collègues STAFAV et amis.

Mes remerciements vont aussi à l'ED420 pour ses différents séminaires de formation. Je remercie Isabelle Carriere pour avoir exploité en partie ses travaux de thèse.

Je suis très reconnaissante aux deux rapporteurs qui m'ont permit de rendre l'ensemble du document mieux construit et plus cohérent. Ma gratitude va aussi à l'endroit des membres du jury qui ont fait le déplacement pour le bon déroulement de la soutenance.

Je remercie ma Famille qui m'a toujours soutenu par des encouragements, mes parents, Mr et Mme Youdom, mes soeurs, Nadine, Berthe, Alide et frère Bérenger, mes cousins et cousines, oncles et tantes. A tous ceux qui proches ou éloignés, ont contribué à l'avancement de ce travail par leur soutien sans faille, je tiens à leur exprimer toute ma gratitude. Je pense ainsi à Rosalie et Eustrat Pétréas, Anne Catherine Te, qui ont facilité ma première arrivée en France.

Merci à Moïse pour m'avoir soutenu pendant ce long chemin, pour m'avoir apporté de l'aide lorsque c'était difficile. Son côté optimiste a été pour moi source de beaucoup de courage et d'espoir.

Enfin, je n'oublierai pas l'Etre Suprême, sans qui la vie n'est possible.

Valorisations scientifiques

Posters

1. Solange Whegang Youdom, Leonardo K. Basco, Henri Gwet, Jean-Christophe Thalabard : Méta-analyse sur données ordinales d'essais randomisés menés au Cameroun sur des patients atteints de paludisme *P. falciparum* non compliqué. Journée des Doctorants IRD : 10-11 avril 2008 Bondy, France

2. Solange Whegang Youdom, Leonardo K. Basco, Henri Gwet, Jean-Christophe Thalabard : Modelling repeated measurements data from patient with non-complicated *Plasmodium falciparum* malaria. 29e Conférence annuelle ISCB (International Society for Clinical Biostatistics) 17-21 août 2008 Copenhagen, Danemark. Poster No P01.56

3. Solange Whegang Youdom, Rachida Tahar, Henri Gwet, Jean-Christophe Thalabard, Leonardo K. Basco : Efficacité des antipaludiques (ACTs et non ACTs) pour le traitement du paludisme *P. falciparum* non compliqué au Cameroun. Journée des Doctorants IRD, 20-21 novembre 2008, Montpellier, France

4. S Whegang Youdom, L Basco, H Gwet, JC Thalabard. Analysis of an ordinal outcome in a multicentric randomized controlled trial : application to a 3- arm anti- malarial drug trial in Cameroon. 30e Conférence annuelle ISCB (International Society for Clinical Biostatistics), 22-25 août, Prague 2009

5. S Whegang Youdom, A Samson, LK Basco, JC Thalabard, JL Foulley. Unbalanced multiple treatment-meta-analysis of clinical trials with an ordinal primary outcome and repeated measurements. 31e Conférence annuelle ISCB (International Society for Clinical Biostatistics), 29 août au 2 septembre 2010, Montpellier-France

Communications orales

1. S. Whegang Youdom, L. K. Basco, H. Gwet, JC Thalabard. Méta-analyse sur données ordinales d'essais randomisés menés au Cameroun sur des patients atteints de paludisme *P. falciparum* non compliqué. Journée des Doctorants IRD : 10-11 avril 2008 Bondy, France

2. S. Whegang Youdom, L. K. Basco, H. Gwet, JC Thalabard. Analyse de réponses cat égorielles dans les essais cliniques randomisés : application aux données pédiatriques d'antipaludiques au Cameroun. Congrès

ADELF (Association des Epidémiologistes de Langue Française ; Fès-Maroc, 7-8 mai 2009)

3. S. Whegang Youdom, A. Samson, L. K. Basco, J. C. Thalabard, J.L. Foulley. Essais randomisés d'antipaludiques selon le critère OMS : place des modèles mixtes pour donn ées ordinales répétées. Congrès ADELF (Association des Epidémiologistes de Langue Française ; Marseille-France, 15-17 septembre 2010)

Publications avec comité de lecture

1. S Whegang Youdom , R. Tahar, V. Foumane Ngane, G. Soula, H. Gwet, JC Thalabard, L. K. Basco : Efficacy of non-artemisinin- and artemisinin-based combination therapies for uncomplicated falciparum malaria in Cameroon. *Malaria Journal* 2010, 9 :56.

2. S Whegang Youdom , L K, Basco, H Gwet, JC Thalabard. Analysis of an ordinal outcome in a multicentric randomized controlled trial : application to a 3- arm anti- malarial drug trial in Cameroon. *BMC Medical Research Methodology* 2010, 10 :58

– **En préparation**

S. Whegang Youdom, A. Samson, L. K. Basco, J. C. Thalabard, J.L. Foulley. Mixed treatment comparisons in antimalarial trials with an ordinal primary outcome and repeated measurements.

Séminaires de formation doctorale

1. 2008
   – Expertise en sécurité sanitaire et environnementale (26-29 mai 2008) ; Faculté de Pharmacie-Université Paris Descartes (ED420)
   – Séminaire thématique en recherche clinique : Pathologies périnatales (11-12juin 2008) ; Hôpital de Cochin (ED420)
   – Les points clefs d'une étude épidémiologique (17-18 juin 2008) ; Hôpital paul Brousse-Villejuif (ED420)

2. 2009
   – 8-11 juin 2009 , 2nd international course for ED420 Paris Descartes : Social determinants of health : principles and methods (ED420)
   – 24-26 juin 2009, séminaire ED420 Paris Descartes : modélisation statistique des variations géographiques en épidémiologie (ED420)

3. 2010
   – Comparaison des systèmes de santé Etats-Unis-France, 9-10 février 2010 (ED420)
   – Recherche sur la base de données de mortalité, 5-6 mai 2010 (ED420)
   – Atelier de formation INSERM sur " Modèle de mélange pour données longitudinales ", 2-4 juin 2010, Saint-raphael (France), séminaire externe
   – Séminaire sur " Modèles multi-niveaux ", 10-11 juin 2010 (ED420)

Abbréviations

- AQ : Amodiaquine
- Essais J14 : essais randomisés dont le suivi a duré 14 jours
- Essais J28 : essais randomisés dont le suivi a duré 28 jours
- ACT : artemisinin-based combination therapies
- AS : artésunate
- ASCD : artésunate chlorproguanil-dapsone
- PCR : *polymerase chain reaction*, technique d'amplification génétique
- PO : *proportional odds*
- OR : odds ratio
- PH : *proportional hazard*
- HR : hazards ratio
- ITT : *intention to treat*
- PP : *per-protocol*
- IC : intervalle de confiance
- OMS : Organisation Mondiale de la Santé
- IRD : Institut de Recherche pour le Développement
- OCEAC : Organisation de Coordination pour la lutte contre les Endémies en Afrique Centrale
- Esti : estimation
- Inf : borne inférieure de l'intervalle de confiance
- Sup : borne supérieure de l'intervalle de confiance
- SD : standard déviation (écart-type)

Résumé

Le sujet de cette thèse s'inscrit dans un contexte commun aux pays d'Afrique sub-saharienne, celui des évaluations des stratégies thérapeutiques et des choix des politiques de santé publique dans la lutte contre le poids en terme de morbi- mortalité qu'y représente le paludisme à *Plasmodium falciparum*, notamment chez l'enfant. Il concerne les méthodes d'évaluation globale de l'efficacité thérapeutique des antipaludiques. Ces méthodes se rattachent aux techniques de méta- analyse de comparaisons mixtes de traitements (effets directs et indirects), qui représentent un champ très actif actuel de développements méthodologiques, qui restent encore souvent inaccesibles aux chercheurs de terrain.

Les essais thérapeutiques portant sur les antipaludiques présentent en effet trois particularités : d'une part, le critère principal préconisé par l'OMS dans les essais d'antipaludiques est un critère ordinal. D'autre part, les différents bras thérapeutiques dans les essais ne concernent pas toujours les mêmes bras de combinaisons thérapeutiques et la durée totale d'évaluation entre essais a changé au cours des années. Enfin, le critère ordinal d'évaluation OMS préconisé entraine des répartitions "extrêmes" déséquilibrées dans les réponses.

Nous avons travaillé sur un jeu original de données correspondant à une série d'essais menés entre 2003 et 2007, étalés dans le temps, menés chez l'enfant de moins de 5 ans au Cameroun, suivant les recommandations OMS. Ces essais, menés par l'IRD au sein de l'OCEAC, ont testé, selon le même protocole, l'ensemble des combinaisons d'antipaludiques disponibles en pratique courante, que ce soit à base d'artémisine (ACT pour "Artémisinin - based Combination Therapy") ou non. Nous avons pu travailler sur les données individuelles.

Les pistes méthodologiques explorées, adaptées et implémentées : la première étape du travail a emprunté des techniques d'analyse classique de méta- analyse sur un critère binaire pour comparer l'ensemble des traitements entre tous les bras de tous les essais. Le caractère ordinal de la réponse dans des essais à plus de 2 bras de traitement et temps unique d'évaluation de ce critère a été ensuite analysé, en s'appuyant sur une étude par simulation pour évaluer les risques associés de première et seconde espèces en fonction de l'amplitude de l'effet traitement. La méthode a été secondairement étendue aux données répétées dans le temps à 14, 21 et 28 jours de traitement.

Cet objectif principal du travail de thèse a été complété par deux études plus ciblées, l'une portant sur la calibration de tels essais, l'autre s'intéressant à la modélisation des courbes d'évolution des parasitémies individuelles au cours du temps.

Les principaux résultats obtenus : la prise en compte de l'ordinalité du critère OMS a permis d'obtenir des résultats significatifs, non observés avec un critère considéré comme binaire. Ils ont confirmé l'efficacité des combinaisons ACTs comparés aux combinaisons non- ACTs. Entre les ACTs, la combinaison dihydroartémisinine-pipéraquine (DHPP) était plus effcace que la combinaison artésunate-amodiaquine (ASAQ). Le traitement artéméther-luméfantrine (AMLM) était moins efficace que la stratégie artésunate-méfloquine (ASMQ). Il n'y avait pas de différence significative entre ASAQ et AMLM. La combinaison ASCD était la moins efficace. Ces résultats sont en accord avec des résultats déjà publiés mais reposant sur des méthodologies d'analyse différentes.

Abstract

This work was motivated by a health context which is common to all subsaharian African countries. It is directly related to the evaluation of the therapeutical strategies and the public health decisions in the fight against the malaria, and more particularly in children, associated to *plasmodium falciparum*. It concerns the quantitative methods for pooling randomised trials and estimating the efficacy of the various antimalarial drugs. They are connected to the mixed meta-analysis comparisons, which represent an active field of research and, remain limited to clinicians and public health officers.

Randomised clinical trials on anti- malaria drugs have indeed at least three characteristics : first, the primary outcome developed by the WHO is an ordinal one. Second, the different treatment arms between the trials are not always the same combined treatments and the follow up durations changed over the years. Third, the observed counts between the different categories of responses are highly unbalanced.

The work benefit from an original data set corresponding to a set of randomised trials carried out by IRD- OCEAC over the years 2003 and 2007 in children less than 5 years old, from 3 areas in Cameroun (Yaoundé, Bertoua and Garoua), according to the WHO recommandations. They aimed to test and compare the efficacies of all the combined antimalarial drugs either based on artemisinin combinations (ACT for "Artémisinin - based Combination Therapy") or not. Individual data were available.

Several methods were explored, adapted and implemented. In the first step, a global classical meta-analysis pooling all the trials was carried out using as primary outcome a binarised WHO outcome. In a second step, the primary outcome was analysed as an ordinal outcome at a fixed time endpoint in a single three- arm randomised clinical trial. A simulation study was performed to assess the type- 1 and type-2 errors in relation to the treatment effect. In a third step, the 28- day trials were pooled by extending the previous methodology to the repeated measurements on days 14, 21 and 28.

Two ancillary studies concern, first, the sample size determination of these trials and, secondly, the modeling of the time- dependent parasiteamia in treated children.

Main results In the analysis based on the WHO ordinal outcome, significant results were observed, which were not observed with a analysis based on the classical binary outcome. They confirmed the efficacy of the ACTs combined treatment as compared with the non ACTS based. Within the ACTS combined treatments, DHPP appeared more efficient than ASAQ, whereas the difference between ASAQ and AMLM was not significant. The combination AMLM was less efficacious than ASMQ. The ASCD combined therapy was the less efficacious. These results agree with previously reported results, but they are based on a different methodology.

Introduction

Notre travail se situe à la frontière de la biostatistique et de l'épidémiologie. Partant d'une problématique concrète qu'est le paludisme, il s'attache à développer et implémenter des outils méthodologiques adaptés à l'analyse des données du paludisme. Son objectif est de mettre à la disposition des parasitologues des outils statistiques innovants pour l'évaluation de l'efficacité thérapeutique des antipaludiques.

Généralités

Parmi les cas de décès survenus chez l'enfant, 68% sont liés aux maladies infectieuses telles que la pneumonie, les diarrhées, le paludisme [1] et le VIH Sida. Le paludisme ou malaria est une maladie parasitaire causée par des parasites appelés *plasmodium spp.*, transmis à l'homme par la piqûre d'un moustique communément appelé anophèle. On distingue 4 espèces de plasmodies : *P. falciparum*, *P. malariae*, *P. ovale* et *P. vivax*, dont les 3 premiers sont les seuls présents en Afrique Sub-saharienne. La cinquième espèce pouvant infecter l'homme à partir du singe en Asie a été identifiée récemment. Il s'agit de *P. knowlesi* [2]. Le paludisme demeure la parasitose tropicale la plus importante. Il constitue un risque majeur en terme de santé publique car la mortalité attribuable au paludisme reste élevée. En effet, selon le dernier rapport de l'Organisation Mondiale de la Santé (OMS) [3], plus de 40% de la population mondiale est exposé au paludisme dans 108 pays endémiques. Les chiffres du rapport OMS 2008 montrent que 243 millions de cas (95% IC 190-311 millions) de paludisme (environ 90% causés par *P. falciparum*) ont abouti à 863000 décès (708000-10030000), pour lesquels plus de 80% se sont produits chez des enfants de moins de 5 ans en Afrique Sub-saharienne [4].

Les causes de ces décès peuvent être multiples : le manque de diagnostic rapide, l'absence de prévention, les résistances aux antipaludiques. Les principales mesures de lutte contre le paludisme prévoient, d'une part, un traitement rapide et efficace par des antipaludiques après examen microscopique, et d'autre part la prévention dont le traitement présomptif intermittent (TPI) chez la femme enceinte, l'utilisation de moustiquaires imprégnées d'insecticide, la pulvérisation d'insecticide à effet rémanent à l'intérieur des habitations pour lutter contre les moustiques vecteurs, l'assainissement de l'environnement. La mise au point du vaccin se heurte encore à la complexité du cycle évolutif du *Plasmodium*, même s'il existe quelques pistes prometteuses [5, 6, 7]. S'agissant des antipaludiques, en particulier en Afrique Sub-saharienne, la chloroquine s'est avérée progressivement inefficace.

1

A la suite de l'émergence des résistances aux monothérapies amodiaquine (AQ) et sulfadoxine-pyriméthamine (SP), l'OMS a recommandé des combinaisons thérapeutiques à base d'artémisinine (CTA : artémether, artésunate et dihydroartémisinine). Ces thérapeutiques doivent être évaluées en population selon des modalités standardisées. C'est la raison pour laquelle un protocole d'étude a été mis en place par l'OMS, définissant les grandes lignes d'un test d'efficacité thérapeutique. Ce dernier est défini comme "le traitement des patients infectés à *P. falciparum* avec une dose standard d'un antipaludique et un suivi de la parasitémie, des signes cliniques et des symptômes sur une période bien définie" (réponse du parasite au médicament). Il représente à l'heure actuelle la méthode de référence, ou le "gold standard", pour guider une politique nationale d'utilisation des médicaments antipaludiques dans la lutte contre le paludisme [8].

L'évaluation de l'efficacité des antipaludiques repose sur un critère principal, proposé par l'OMS, qui se déduit de l'examen clinique, la mesure de la température corporelle et la densité parasitaire sanguine. Quatre classes ont été définis [8] : RCPA (*réponse clinique et parasitologique adéquate*) correspond à une guérison complète ; EPT (*échec parasitologique tardif*) est caractérisée par une parasitémie positive en absence de fièvre ; ECT (*échec clinique tardif*) correspond à un état avec fièvre et parasitémie positive et ETP (*échec thérapeutique précoce*) est un échec avec aggravation clinique précoce (incapacité de l'enfant à se mettre debout ou à s'asseoir, convulsion, vomissement, perte de connaissance, antécédent récent de convulsion, incapacité à boire et à manger) et/ou parasitologique avec risque d'évolution vers un paludisme grave (fièvre et parasitémie positive à J3, voire augmentation de la parasitémie).

Plusieurs médicaments à base d'artémisinine sont maintenant disponibles. Ils correspondent aux associations suivantes : artésunate-amodiaquine, artésunate-méfloquine, artémether-luméfantrine, dihydroartémisine-pipéraquine, dont l'objectif thérapeutique chez un individu infecté est d'éliminer rapidement les parasites du stade intra-érythrocytaire, en réduisant le taux de morbidité et de mortalité et, accessoirement, les taux de gamétocytes avec pour conséquence, de diminuer la transmission du paludisme [9]. A la suite des recommandations de l'OMS, des essais randomisés ont été menés sur ces différentes combinaisons.

Cameroun et paludisme

Le paludisme est endémique (c'est-à-dire toujours présent) dans presque toute l'Afrique subsaharienne, dans de nombreuses régions du Moyen-Orient, de l'Asie méridionale, de l'Asie du Sud-Est, de l'Océanie, de l'île d'Haïti, d'Amérique du Sud, dans certaines régions du Mexique, de l'Afrique du Nord et de la République dominicaine.

Situé en pleine partie endémique de l'Afrique, le Cameroun peut se diviser en plusieurs zones. Les transmissions palustres diffèrent d'une région à l'autre : une zone où le paludisme est dit stable, qui s'étend de l'Ouest à l'Est du pays, en passant par le Centre et le Sud, et comprend les villes de Yaoundé et Bertoua. Dans la zone du paludisme stable, la transmission est intense et pérenne. La zone où le paludisme est dit instable regroupe

2

l'Adamaoua et le Nord du pays (Garoua) et la zone soudano-sahélienne à l'Extrême-Nord (Maroua). Au Cameroun, la malaria est responsable de 40% des consultations médicales [10] et la mise en place d'une politique nationale de lutte repose sur la disponibilité de données fiables, et adaptées au pays.

C'est ainsi que l'OCEAC (Organisation de Coordination pour la lutte contre les Endémies en Afrique Centrale) en collaboration avec l'IRD (Institut de recherche pour le développement) a mené de 2003 à 2007, une série d'essais cliniques randomisés dans trois régions géographiques (Yaoundé, Bertoua et Garoua) avec pour objectif principal d'estimer l'efficacité de chaque stratégie thérapeutique. Différents antipaludiques (monothérapies AQ, SP et bi-thérapies) ont été testés de manière systématique chez des enfants dont la tranche d'âge était de 2 à 106 mois. Le suivi durait par patient soit 14 jours, soit 28 jours, soit 42 jours selon les périodes où les médicaments ont été testés et les modifications apportées par l'OMS au protocole. Pendant ce suivi, des mesures répétées ont été faites chez ces enfants telles que l'hématocrite, la densité parasitaire, la température corporelle. Ces essais cliniques ont été à l'origine d'une base de données individuelles importante, regroupant en fait des données issues de sous-essais où une partie seulement des traitements possibles, seuls ou en association, sont présents dans une forme de plan incomplet déséquilibré.

Les questions posées étaient les suivantes : peut-on effectuer une synthèse quantitative des données des différents essais randomisés ? Est-il possible de tirer partie d'une collecte d'information répétée longitudinalement aux jours J14/J21/J28 ? Quel rôle jouent certaines covariables à l'inclusion telles la température corporelle, la densité parasitaire et le poids, sur l'efficacité thérapeutique ? Les objectifs spécifiques à atteindre étaient de développer des méthodes de synthèse quantitative des données des essais menés au Cameroun chez l'enfant. Un objectif ancillaire était la modélisation de l'évolution de la parasitémie.

L'objectif principal de ce travail est de comparer globalement les antipaludiques qui ont été testés au Cameroun. L'objectif plus spécifique est de proposer des méthodes de prise en compte du critère de l'OMS d'évaluation de l'efficacité thérapeutique des antipaludiques, aussi d'étudier l'influence de certaines caractéristiques individuelles sur la réponse au traitement. Nous nous focaliserons sur les techniques rencontrées en méta-analyse d'essais thérapeutiques qui font parfois appel à des comparaisons directes et indirectes [11, 12]. Les résultats seront présentés puis discutés.

Notre mémoire débute au chapitre 1 par une description générale des données, avec un rappel des aspects physiopathologiques du paludisme. Dans ce chapitre, tous les essais menés sont présentés ainsi que les caractéristiques individuelles des patients. Les méthodes statistiques utilisées sont résumées au chapitre 2. Le chapitre 3 est destiné à la prise en compte du critère OMS comme critère binaire où nous explorons les paramètres pouvant influencer le taux de succès au traitement. Les chapitres 4 et 5 concernent plus directement la prise en compte d'un critère catégoriel. Le chapitre 4 s'intéresse à un critère unique à une date donnée tandis que le chapitre 5 aborde les situations d'un critère évalué à des temps répétés. Le chapitre 6 est consacré à une réflexion sur la calibration des études dans le cas des essais d'antipaludiques et le chapitre 7, à un début de réflexion sur la modélisation de la densité parasitaire. Enfin un dernier chapitre général de discussion/conclusion termine ce mémoire.

Chapitre 1

Aspects physiopathologiques du paludisme/ Bases de données disponible

1.1 Biologie du *Plasmodiums* et relations hôte-parasite ; cycle évolutif du *Plasmodium* humain.

Pour se développer, le parasite a besoin de l'homme et de l'anophèle femelle infectée (voir Figure 1.1).

Cycle asexué (ou schizogonique) chez l'homme

Stade hépatique

Lorsque l'anophèle femelle infectante pique l'homme, celle-ci lui transmet le parasite du *Plasmodium* (sporozoïtes) contenu dans ses glandes salivaires. Ensuite, les parasites se dirigent dans le foie, où ils s'attaquent aux cellules hépatiques (hépatocytes). Le parasite se transforme en trophozoïte et les hépatocytes augmentent de volume lors de la schizogonie (multiplication des noyaux) jusqu'à leur destruction complète par le parasite (schizonte hépatique, aussi appellé " corps en rosace "). Cette phase hépatique ou exo-érythrocytaire est asymptomatique : le sujet est dit en phase d'incubation. Dans les infections à *P. vivax* et *P. ovale*, il existe une forme dormante de la schizogonie hépatique, l'hypnozoïte, qui se multipliera et libérera dans le sang des mérozoïtes après sa réactivation, causant la poursuite du développement de la schizogonie et les rechutes tardives de malaria. Dans les infections à *P. malariae* et *P. falciparum*, l'hypnozoïte n'existe pas.

Stade intraérythrocytaire

L'éclatement de l'hépatocyte libère, par la suite, des mérozoïtes qui iront s'attaquer aux hématies (globules rouges). Ainsi débute l'invasion des globules rouges (phase de schizogonie érythrocytaire). Au contact d'un globule rouge, le mérozoïte envahit la cellule et se développe en jeune trophozoïte et en trophozoïte âgé, et par division nucléaire, se transforme en schizonte qui éclate en libérant d'autres parasites (de nouveaux mérozoïtes) qui iront s'attaquer aux globules rouges à proximité. Par conséquent, au bout de plusieurs cycles intraérythrocytaires, la parasitémie s'élève, le sujet devient fébrile et symptomatique : c'est l'accès palustre. Après quelques cycles intraérythrocytaires, il se produit des gamétocytes mâles et femelles qui se développent dans les organes profonds dans le cas de *P. falciparum* ou dans la circulation sanguine profonde et périphérique dans le cas des autres espèces de *Plasmodium*.

Cycle sexué (ou sporogonique) chez l'anophèle

Lorsque l'anophèle femelle non infectée prend son repas sanguin sur un sujet infecté, elle absorbe les parasites à différents stades de leur développement. Seuls les gamétocytes poursuivront leur développement chez le moustique. Une fois dans son estomac, ceux-ci fusionnent pour donner un oeuf diploïde (zygote) qui subit des transformations (ookinète, oocyste). Lorsque ce dernier éclate plus tard, il y a libération de sporozoïtes qui migrent vers les glandes salivaires du moustique pour être transmis lors du prochain repas de sang après maturation. L'homme ne peut donc transmettre le paludisme que s'il est porteur de gamétocytes.

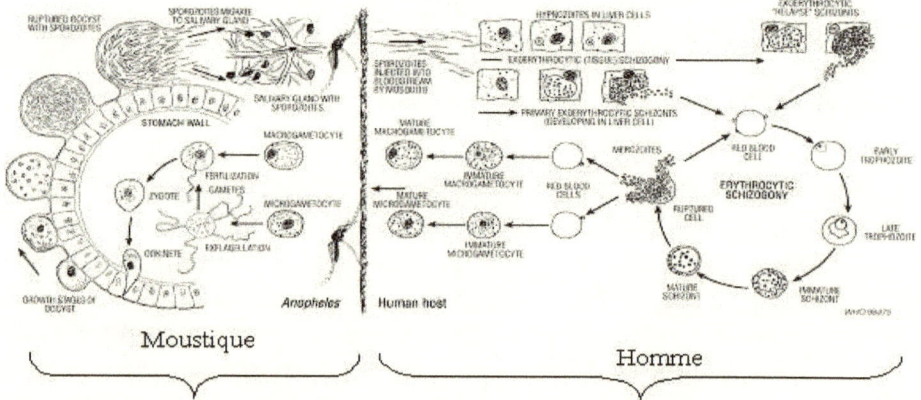

Figure 1.1: Cycle évolutif des *Plasmodiums*. Cycle sexué chez le moustique à gauche et cycle asexué chez l'homme à droite (d'après [13]).

L'espèce plasmodiale *P. falciparum* diffère des autres espèces dans la production des gamétocytes qui, à l'état mature, ne sont pas sensibles à la plupart des antipaludiques. Plusieurs facteurs peuvent favoriser leur production : le stress, la longévité de l'infection, l'anémie, l'immunité partielle, les médicaments partiellement efficaces, l'automédication [9]. La transmission du paludisme augmenterait avec la production des gamétocytes d'où l'importance des antipaludiques et précisément des ACT (artemisinin-based combination therapy ou combinaison thérapeutique à base d'artémisinine), qui sont capables de réduire la charge gamétocytaire, dans la lutte contre le paludisme.

Au niveau individuel, la virulence du parasite peut être atténuée par certaines caractéristiques biologiques [14] comme : 1) l'immunité acquise au contact régulier avec du parasite et entretenue par sa présence, qui freine (sans pouvoir l'empêcher) la multiplication des parasites dans le sang; 2) l'immunité passive, anticorps passés de la mère immune au nouveau né, qui protège celui-ci pendant environ 6 mois contre les accès graves; 3) les hémoglobulines anormales HbS causant la drépanocytose qui seraient plus difficilement utilisables par *P. falciparum* au cours de son développement érythrocytaire; 4) la chimioprophylaxie qui, prise régulièrement, empêche la multiplication du parasite, voire les tue, et protège contre les accès palustres; 5) l'absence d'antigènes du groupe sanguin Duffy au niveau de la membrane de l'érythrocyte qui protégerait contre l'infection à *P. vivax*; 6) un régime exclusivement lacté qui empêcherait la synthèse de l'ADN par le parasite et entraverait la schizogonie; Tous ces facteurs peuvent être considérés comme des paramètres latents qui influencent la réponse au traitement.

Chez l'homme, après ingestion, l'anti-paludique va dans l'hématie parasitée et certains médicaments se concentrent activement dans la vacuole digestive de l'hématozoaire. Lorsque la molécule ne peut plus rester concentrée dans cette vacuole, du fait des stratégies de défense développées par le parasite, une résistance apparaît. L'idée a été alors de développer des molécules capables de neutraliser les parasites très rapidement et/ ou de les utiliser en association afin de protéger l'efficacité d'autres anti-paludiques tels que l'amodiaquine (AQ), la SP, la méfloquine (MQ), la luméfantrine (LM), le chlorproguanil-dapsone ou Lapdap® (CD) et la pipéraquine. Les premières molécules, appelées dérivés de l'artémisinine, proviennent d'une plante Artemisia annua et sont de plusieurs types : artésunate (AS), artéméther (AM) et dihydroartémisinine qui, combinés à ces mono-thérapies, forment les ACTs.

Souvent, les symptômes de la maladie sont non-spécifiques et le diagnosic parasitaire incertain, ce qui rend difficile le traitement de la maladie causant à la fois des sur-traitements par l'utilisation des antipaludiques et des sous-traitements de fièvres non causées par le paludisme [4]. D'où l'importance des examens microscopiques et/ou des tests de diagnostic rapide, chez tous les patients suspectés de paludisme, et ce avant tout début de traitement.

Quelques rares cas de paludisme surviennent après transfusion sanguine, échange de séringues entre toxicomanes ou lors d'une grossesse (paludisme congénital), cette dernière ayant une forte importance en zone endémique. Cependant, la grande majorité des infections humaines est la conséquence d'une piqûre infectante.

Le paludisme concerne tous les âges, adultes, enfants, femmes enceintes. L'évolution spontanée ou sous traitement d'un accès palustre chez les sujets immuns est le plus souvent favorable mais est sujette à i) ré- infection, liée à une nouvelle piqûre par un anophèle infecté ; ii) recrudescence de la parasitémie qui se rencontre en cas de traitement insuffisant ou incomplet ; iii) rechute, caractérisée par une poussée de parasitémie ayant pour point de départ des hypnozoites de *P. vivax* ou *P. ovale*. Un échec thérapeutique, qu'il soit tardif ou précoce, n'est pas un synonyme de résistance, plusieurs facteurs non liés au phénomène de résistance pouvant être à l'origine d'une rechute clinique et/ ou parasitologique comme la malabsorption, les vomissements, la non observance, les ré-infections durant ou après le traitement, les multi-infections en rapport avec des souches parasitaires aux caractéristiques différentes avant tout traitement. Une réponse clinique et parasitologique adéquate n'est pas toujours l'équivalent d'une sensibilité des parasites au médicament. Cette réponse peut s'expliquer par une immunité acquise (pré- munition), une prise non rapportée d'autres médicaments ou de remèdes dits traditionnels extraits de plantes, que ce soit avant ou durant le traitement ou pendant le suivi, une immunité naturelle développée par le patient. Les enfants de 0 à 5 ans représentent un groupe particulièrement à risque, dont l'immunité au contact des plasmodies ne serait pas élevée.

1.2 Protocole de recueil des données/Analyses descriptives

Dans cette section, nous rappelons les grandes lignes du protocole de l'Organisation Mondiale de la Santé (OMS) qui a servi à la collecte des données du Cameroun. Ensuite, nous nous focaliserons sur la description de la base de données que nous séparerons en deux groupes : les données dont le suivi a duré 14 jours, et celles dont le suivi a été supérieur à 14 jours.

1.2.1 Populations concernées

Les critères d'inclusion correspondaient aux enfants de 2 à 106 mois, recrutés dans l'étude sur la base des critères établis par l'OMS. L'étude s'est déroulée dans des centres de santé des villes de Yaoundé (dispensaire de mission catholique de Nkoleton : personnel qualifié, équipement de laboratoire, tous les cas de paludisme confirmés par examen de la goutte épaisse), Bertoua et Garoua, au Cameroun (voir Figure 1.2 pour les localisations), et a été conduite par l'Institut de Recherche pour le Développement (IRD), conjointement avec l'OCEAC (Organisation de Coordination pour la lutte contre les Endémies en Afrique Centrale) et le Ministère de la Santé publique camerounais.

Critères d'inclusion

Les sujets étaient inclus dans l'étude sur la base des critères suivants : fièvre au moment de la consultation, c'est-à-dire une température rectale supérieure ou égale à 38,0°C ; infection mono-spécifique à *P.falciparum*, à l'exclusion des autres espèces humaines de *Plasmodium* (*P.malariae*, *P.ovale*) ; densité parasitaire supérieure ou égale à 2000 parasites asexués par microlitre de sang ; hématocrite supérieure ou égale à 15%.

Figure 1.2: Régions d'études au Cameroun. Les ronds noirs sur la carte représentent les 3 centres concernés Yaoundé, Bertoua, Garoua.

Critères d'exclusion

Les patients présentant des signes de gravité du paludisme à type d'incapacité à se mettre en position assise ou debout, vomissements répétés, convulsions, des signes d'une co-infection, d'une malnutrition sévère, d'une maladie chronique sous-jacente (syndrome d'immuno-déficience acquise, hépatite virale) ont été exclus. La prise antérieure d'antipaludiques ne constituait pas un critère d'exclusion.

1.2.2 Traitements administrés et modalité d'administration

L'amodiaquine (AQ) a été administrée à une dose standard de 10 mg/kg de poids corporel par jour aux jours 0, 1, et 2. La sulfadoxine-pyriméthamine (SP ; 25 mg/kg de poids corporel de sulfadoxine et 1.25 mg/kg de poids corporel de pyriméthamine) a été administrée en dose unique. La posologie d'AQ-SP était le même qu'en cas de monothérapie. Les premières doses d'AQ et SP ont été administrées simultanément à J0, suivi par AQ seule aux jours 1 et 2. L'artésunate (AS) a été administré à une dose totale de 12 mg/kg de poids corporel (4 mg/kg aux jours 0, 1, et 2) pour toutes les CTA qui contiennent l'AS. Les dosages suivants d'ACTs ont été administrés : AS-AQ (AS, 4 mg/kg/jour et AQ, 10 mg/kg/jour) jours 0, 1, et 2 ; AS-SP, (SP jour 0) ; AS-MQ (MQ, 15 mg/kg jour 1 et 10 mg/kg jour 2) ; et DH-PP (Duo-Cotecxin®) 6.4 mg/kg de poids corporel de DH et 51.2 mg/kg de poids corporel de pipéraquine dans 3 doses journalières divisées. Six doses d'AM-LM (Coartem®) ont été administrées comme recommandées par le fabricant (dose totale par comprimé d'artéméther : 20 mg et luméfantrine : 120 mg). Pour la combinaison AS-CD, la dose de chlorproguanil-dapsone (Lapdap®) a été donnée une fois par jour pour 3 jours, comme recommandé par le fabricant. Le paracétamol (30 mg/kg de poids corporel et par jour, en 3 doses divisées) a été administré à tous les malades.

1.2.3 Calibration des essais ; Allocation des traitements

Les malades ont été randomisés dans deux ou trois groupes de traitement selon les études, à l'exception de l'étude menée à Maroua où seule la combinaison AS-AQ a été évaluée. Des listes constituées de tables de nombres aléatoires ont été préparées pour chaque randomisation par le principal investigateur. Les malades ont été randomisés consécutivement par l'investigateur local d'après la liste correspondante.

Le calcul de la taille de l'échantillon a reposé sur la méthode classique qui consiste à estimer une prévalence avec une précision donnée, à partir d'un échantillon de population. Pour cela, la proportion d'échec anticipée était estimée à 15% avec erreur absolue de 10% et risque de première espèce de 5%. Ceci aboutit à un nombre de 50 sujets par bras. Ce nombre a été ajusté pour tenir compte des exclus et perdus de vue (PDV). Le Tableau (1.1) indique les tailles respectives pour chaque traitement testé, ainsi que les critères utilisés.

Essais Tranches d'âges (en mois)	Périodes	Taitements	Effectifs	Critères utilisés pour la calibration
Bertoua 2003 6-58	9 juil–3 août	AQ SP AQ+SP	58 57 61	P_0=15% ; $\epsilon = 10\%$; 1-α=0.95 ; PDV*=20%
Garoua 2003 3-106	8 sept–31 oct	AQ SP AQ+SP	60 58 60	P_0=15% ; $\epsilon = 10\%$; 1-α=0.95 ; PDV=20%
Yaoundé 2003 3-60	5 fev–10 avril	AQ SP AQ+SP	64 61 62	P_0=15% ; $\epsilon = 10\%$; 1-α=0.95 ; PDV=20%
Yaoundé 2005 6-60	8 fev–19 mai	AQ ARS+AQ ARS+SP	64 60 61	P_0=15% ; $\epsilon = 10\%$; 1-α=0.95 ; PDV=20%
Yaoundé 2006 I 6-60	4 avril–10 juillet	AQ+SP ARS+MQ	67 69	P_0=15% ; $\epsilon = 10\%$; 1-α=0.95 ; PDV=35%
Yaoundé 2006 II 6-60	1 sept–29 nov	AM+LUM ARS+AQ	61 62	P_0=15% ; $\epsilon = 10\%$; PDV=20%
Yaoundé 2006 III 2-60	dec 06–fev 07	ARS+SP ARS+LAP	85 83	P_0=15% ; $\epsilon = 10\%$; PDV=60%
Yaoundé 2007 6-60	Avril–juillet	ARS+AQ DH+PP	92 91	
Total			1333	

Table 1.1: Tableau récapitulatif des différents essais randomisés. PDV signifie que la taille a été ajustée pour tenir compte des perdus de vue. ϵ=précision absolue.

1.2.4 Suivi

L'instant 0 était le moment d'inclusion des patients dans l'essai. La durée de suivi était, selon les périodes et les évolutions, de 14, 28 ou de 42 jours. Pour les suivis de 14 jours, les patients étaient suivis aux jours 1, 2, 3, 7 et 14. Pour les suivis de 28 jours, les patients avaient le même suivi jusqu'au jour 14 puis aux jours 21 et 28. Enfin, pour les suivis de 42 jours, le suivi, identique au précédent jusqu'au jour 28, comprenait, en plus, une visite de suivi au jour 42.

A chacune de ces visites, les données suivantes étaient recueillies : signes cliniques (température corporelle) ; signes de gravité (troubles de la conscience, convulsions, saignements, effets secondaires) ; signes biologiques (densité parasitaire). La goutte épaisse était considérée comme négative lorsqu'aucun parasite n'était détecté après le comptage de 500 leucocytes. Ce seuil correspond à 16 parasites asexués par microlitre de sang. Au dessous de 16 parasites/μl de sang pour un individu, cette parasitémie était indécelable par examen microscopique et

11

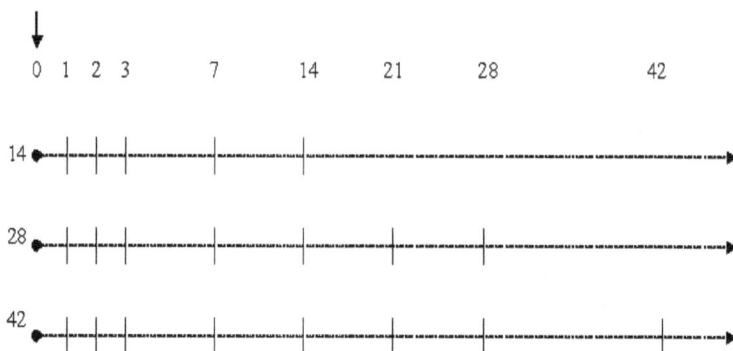

Figure 1.3: Schéma récapitulatif des durées de suivi en jour selon les essais J14, J28, J42.

était considérée comme négative. En cas d'apparition de fièvre ou de nécessité de surveillance médicale entre les jours 4-6, 8-13 ou 15-27, il était fortement conseillé aux parents de l'enfant de le ramener au dispensaire avant le jour prévu pour la visite.

1.2.5 Les critères de jugement

Pour évaluer la réponse au traitement, l'OMS propose un critère catégoriel à 4 classes :

1. *échec thérapeutique précoce* (ETP) ; c'est-à-dire, une aggravation des signes cliniques aux jours 1, 2 et 3 en présence d'une parasitémie ; parasitémie au jour 2 supérieure à celle du jour 0 menant à une décision de traitement alternatif ; quelle que soit la température axillaire ou rectale ; parasitémie au jour 3 supérieure ou égale à 25% par rapport à celle du jour 0, et température axillaire ≤ 37.5 ou $\leq 38°C$

2. *échec clinique tardif* (ECT) : présence du parasite accompagnée de fièvre entre J4 et J14 (ou J28 en fonction de la durée de suivi) en absence de tout critère d'ETP ;

3. *échec parasitologique tardif* (EPT) : absence de fièvre et présence des parasites sanguins au jour 14, ou entre J7 et J28, en absence de tout critère d'ETP ;

4. *réponse clinique et parasitologique adéquate* (RCPA) : une disparition complète de la fièvre et de la parasitémie à la fin du suivi sans avoir été classé dans les trois autres réponses auparavant.

Habituellement, les essais sont jugés selon la proportion observée d'échec (en comptabilisant la somme des échecs), ou selon le taux de réponse clinique et parasitologique adéquate (taux de RCPA). La prise en compte de ce critère va être l'un des points clés de notre travail.

12

1.2.6 Considérations éthiques

Les protocoles, approuvés par les responsables des centres de santé, avaient reçu l'avis favorable du Ministère de la Santé Publique camerounais et du Comité National d'Ethique camerounais. A l'exception de l'étude non randomisée de Maroua, dans laquelle des adultes ont été inclus, chaque parent ou tuteur de l'enfant devait signer un consentement éclairé avant toute inclusion dans l'essai.

1.3 Description de la base de données

1.3.1 Formatage de la base de données

Nous avons eu accès aux données individuelles des patients ; la saisie des données comportant les traitements AQ+SP et AS+MQ a été faite par nous-mêmes à l'aide du logiciel Epi-info (la fiche de saisie était déjà préétablie par les investigateurs). Pour les autres études, les données nous ont été remises sous forme de fichiers Excel. Le Tableau 1.2 donne la liste de tous les traitements testés. Les données provenant de Garoua, Bertoua et Yaoundé (2003) correspondaient à un essai multicentrique. Celles de 2006 correspondaient à trois essais avec différents traitements. Nous avons constaté que le nombre de patients présents dans les fichiers disponibles (538, sur lesquels nous avons commencé notre travail) n'était pas égal au nombre initialement inclus dans les enquêtes (541) ; soit une différence de 3 patients manquant à Garoua, 2 dans le groupe AQ ; et 1 dans le groupe AQ+SP. La raison était que ces patients manquants avaient été enlevés de la base de données car ils étaient classés exclus. Pour les données de l'année 2003, des corrections ont été faites au niveau de la température corporelle : lorsqu'une valeur de 0 était retrouvée dans la fiche (liée à une erreur de saisie), celle-ci était remplacée par 37°C ou 38°C, compte tenu de sa classification à J14. Des corrections ont été aussi faites sur la variable âge des patients pour les essais conduits après 2003.

Antipaludique	Dénomination commune internationale (nom générique)	Nom commercial
AQ	Amodiaquine	Camoquin® Flavoquine®
SP	sulfadoxine-pyriméthamine	Fansidar®
ARS/AS	artésunate	
ARS+AQ/ASAQ	artésunate-amodiaquine	Coarsucam®, Falcimon®
ARS+SP/ASSP	artésunate-SP	
ARS+CD/ASCD	artésunate-Chlorproguanile Dapson	
ARS+MQ/ASMQ	artésunate-méfloquine	Artequin®
AM+LM/AMLM	artéméther-luméfantrine	Coartem®
DH+PP/DHPP	dihydroartémisinine-pipéraquine	Duo-Cotecxin®

Table 1.2: Traitements testés : doses et intensités différentes.

1.3.2   Essais J14

Les séries d'essais menées au Cameroun sont récapitulées dans le tableau 1.1, et de façon séparée pour les essais arrêtés à J14 (Figure 1.4). Pour ces derniers réalisés au cours de l'année 2003, au total 538 enfants provenaient des villes de Yaoundé, Bertoua et Garoua, correspondant à des niveaux de transmission élevée, modérée et faible, respectivement. Un total de 19 patients étaient des perdus de vue (PDV) et EXCLUS ; 519 patients ont terminé l'étude. Leurs réponses sont décrites au tableau 1.3.

Centre	Traitement	C_1 RCPA	C_2 EPT	C_3 ECT	C_4 ETP	Total
	AQ	62	0	0	1	63
		[98.4]**	[0]	[0]	[1.6]	[100.0]
Yaoundé	SP	53	2	0	6	61
		[86.8]	[3.27]	[0]	[9.8]	[100.0]
	AQ+SP	59	0	0	0	59
		[100.0]	[0]	[0]	[0]	[100.0]
	AQ	52	2	0	0	54
		[96.3]	[3.7]	[0]	[0]	[100.0]
Bertoua	SP	48	0	2	3	53
		[90.56]	[0]	[3.7]	[5.26]	[100.0]
	AQ+SP	55	1	0	0	56
		[98.2]	[1.8]	[0]	[0]	[100.0]
	AQ	57	0	0	1	58
		[98.2]	[0]	[0]	[1.7]	[100.0]
Garoua	SP	52	2	0	3	57
		[91.2]	[3.5]	[0]	[5.26]	[100.0]
	AQ+SP	58	0	0	0	58
		[100.0]	[0]	[0]	[0]	[100.0]
Total		496	7	2	14	519
		[95.5]	[1.3]	[0.38]	[2.7]	[100.0]

Table 1.3: Impression clinique globale dans l'essai J14 en 2003. Comptage des réponses au traitement par catégorie, dans tous les centres. ** Pourcentage par ligne.

1.3.3   Essais J28

Les recommandations de l'OMS ont évolué en 2003 ([8]) en préconisant d'évaluer les antipaludiques à 28 jours. Pour les données J28, au total 795 patients (entre 0 et à 5 ans) issus d'un seul centre de santé, situé dans la ville de Yaoundé ont été inclus dans les essais de 2005, 2006 et 2007. Le bras ASMQ correspondait à des patients évalués à 42 jours, mais pour lesquels les réponses étaient disponibles au Jour 28. Le tableau 1.4 décrit pour chaque traitement, le pourcentage de patients sans parasites à J3, calculé à partir du nombre inclus (approche ITT, intention-to-treat). On observe que le taux d'élimination était supérieur ou égal à 90%. Le tableau décrit aussi les effectifs des RCPA observés à J28, le nombre de perdus de vue et exclus dans chaque bras. Quant aux réinfections, il s'agit des " faux échecs " identifiés par la PCR (*polymerase chain reaction*). Cette réinfection n'est, à priori, pas liée à l'inefficacité du médicament administré. Les proportions de RCPA peuvent être calculées en approche ITT (*intention to treat*) et en approche "per protocol" (PP). Les valeurs

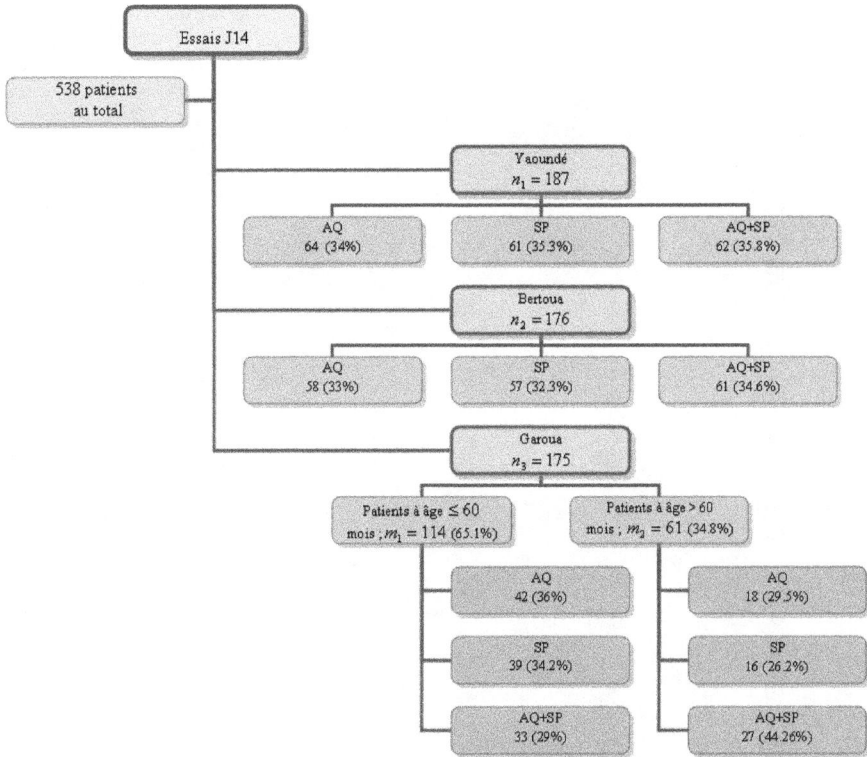

Figure 1.4: Schéma des essais 2003. Nombre d'individus inclus (pourcentage par centre).

entre parenthèses représentent les proportions de RCPA pour chaque groupe de traitement après correction par PCR. Aucune recrudescence n'a été observée avec la combinaison AM-LM, et aucune réinfection n'était observée avec DH-PP.

Pour pouvoir comparer les résultats à J14 à ceux de l'année 2003, les investigateurs avaient mis en place un suivi répété à J14, J21 et J28. Les données J28 peuvent se résumer en un petit réseau de traitements (figure 1.5) où seule l'étude 2006 II n'est pas connectée aux autres études.

Année	Traitement	Nombre inclus	Pourcentage sans parasites à J3 (ITT)	RCPA observé	Perdus de vue et exclus	Réinfection	ITT[1]	PP[1]
2005	AQ	64	87.5	50	5	5	50/64 (55/64)	50/59 (55/59)
	AS-AQ	60	100	43	6	10	43/60 (53/60)	43/54 (53/54)
	AS-SP	61	96.8	50	4	4	50/61	50/57
2006a	AQ-SP	67	86.6	55	5	7	(54/61) 55/67 (62/67)	(54/57) 55/62 (62/62)
	AS-MQ	69	95.7	60	8	1	60/69 (61/69)	60/61 (61/61)
2006b	AS-AQ	62	98.4	52	5	3	52/62 (55/62)	52/57 (55/57)
	AM-LM	61	100	58	1	2	58/61 (60/61)	58/60 (60/60)
2006c	AS-CD	83	97.6	53	12	7	53/83 (60/83)	53/71 (60/71)
	AS-SP	85	100	73	6	1	73/85 (74/85)	73/79 (74/79)
2007	AS-AQ	92	99	73	4	8	73/92 (81/92)	73/88 (81/88)
	DH-PP	91	100	84	5	0	84/91 (84/91)	84/86 (84/86)

Table 1.4: Distribution des taux de RCPA corrigées/non-corrigées, dans les essais J28. Données corrigées entre parenthèses.

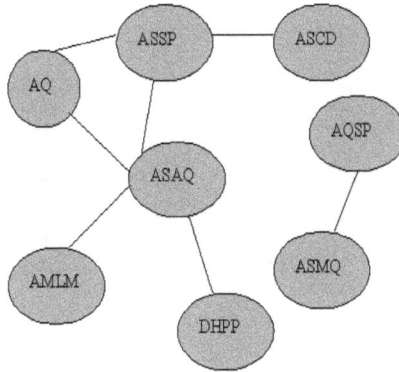

Figure 1.5: Essais J28 résumés sous forme d'un "réseau" de traitement. Chaque rond correspond à un type de traitement. Une arête relie 2 traitements si ces traitements ont été évalués dans un même essai. Seule l'étude 2006 II n'est pas attachée aux autres.

1.3.4 Description des variables collectées

Il s'agit des variables d'inclusion décrites dans le tableau 1.5 et des variables mesurées au cours du suivi. Nous présentons ici les caractéristiques de base des patients dont les réponses par type de catégorie et de traitement se trouvent dans le tableau 4.1. Ces caractéristiques sont décrites en termes d' extrêmes, moyenne et écart-type. La variable "nombre de jours de fièvre avant l'inclusion" renseigne sur la durée de l'infection avant inclusion dans l'étude.

Les variables dépendantes du temps sont la densité parasitaire, la température corporelle et l'hématocrite. Nous avons testé la corrélation entre ces 3 variables, à l'inclusion. Nous avons noté une corrélation de 0.22 (IC=0.13-0.30 ; p-value = 5.034e-07) entre la densité parasitaire et la température corporelle. Ceci peut être mis en correspondance avec le fait que plus la parasitémie augmente (du fait de l'éclatement des globules rouges parasités), plus le sujet devient fébrile correspondant à l'accès palustre. L'anémie est l'une des conséquences d'un envahissement massif des globules rouges par les parasites. L'anémie est mesurée à travers le taux d'hématocrite. Entre l'hématocrite (considéré comme variable continue) et la température corporelle, la corrélation était de 0.10 (IC=0.01-0.18 ; p-value = 0.01974). La corrélation entre l'hématocrite et la densité parasitaire n'était pas significative.

Nous avons comparé les distributions de la densité parasitaire dans les 3 centres. Nous avons d'abord appliqué une transformation logarithmique sur les différents échantillons, compte tenu de l'étendue des valeurs et leur modalité de mesure. Ensuite, une analyse de la variance a permis de tester un effet centre. Enfin, le test de Tukey (Miller, R.G., 1981 ; Yandell, B.S., 1997) a été utilisé pour détecter les différences de moyennes significatives. Globalement, il y avait une différence très hautement significative entre les régions ($p - value = 0.0006$). Le résultat de comparaison multiple des moyennes géométriques, a révélé une différence significative ($p - value = 0.0037$) entre l'échantillon de Yaoundé (parasitémie comprise entre 2100 et 260000) et celui de Bertoua (2000-250000). Le même résultat ($p - value = 0.0004$) a été reporté entre l'échantillon de Bertoua et celui de Garoua (2300-300000). Il n'y avait pas de différence significative

Variables/Effectif	RCPA 496	Catégories EPT 7	ECT 2	ETP 14
Genre Densité parasitaire	2000-300000	9300-73680	5600-62500	3800-200000
Température	38-41*	38-39.90	38-38.90	38.50-41
(°C)	38.93+	38.53	38.45	39.73
	(0.77)§	(0.68)	(0.63)	(0.71)
Hématocrite	12-41	20-33	26-31	19-38
(%)				
Poids	6-30	10-23	11-16	7-17
(kg)	13.44	14.29	13.50	9.96
	(4.55)	(4.27)	(3.53)	(2.95)
Nombre de jour	1-21	2-7	2-7	1-14
de fievre avant inclusion	4	4	5	4
Automé- OUI	369	6	1	10
dication NON	127	1	1	4

Table 1.5: Caractéristiques de base des patients à partir des essais J14. Ces caractéristiques sont décrites en termes de : * Extrêmes, + moyenne et § écart-type. La variable "nombre de jours de fièvre avant l'inclusion" renseigne sur la durée de l'infection avant inclusion dans l'étude.

entre Yaoundé de Bertoua ($p - value = 0.345$).

1.3.5 Données manquantes

Le plus souvent dans les études épidémiologiques, il peut y avoir des sujets sans observations complètes du fait des données manquantes. Ces dernières peuvent survenir sur les covariables mesurées ou sur la variable réponse encore appelée critère principal.

Nous nous intéressons aux données manquantes sur la variable réponse. Dans le cas des études longitudinales, ces données peuvent être manquantes de façon intermittente ou monotone. Rubin et al (2002) ont donné plusieurs définitions permettant de classifier le type de donnée manquante. Cette donnée manquante peut être : 1) manquante de manière complètement aléatoire (MCAR pour "Missing Completely at Random") si la probabilité de non réponse ne dépend pas des réponses observées. Autrement dit, la probabilité de sortie d'étude pour un sujet donné à un instant donné, est indépendante de la réponse de ce sujet [15, 16]; 2) manquante de manière aléatoire (MAR pour "Missing At Random") si la probabilité de non réponse dépend des réponses observées (réponses ou covariables observées antérieurement). Autrement dit si la probabilité que la donnée manque à un instant t est influencée par les réponses antérieures observées (instant $t - 1$), et non par les données observées de l'instant t. Sous cette hypothèse, les méthodes de vraisemblance peuvent être utilisées sans qu'il y ait un besoin de spécifier le modèle pour donnée manquante, et dans ce cas, on peut adopter un modèle paramétrique. 3) manquante de manière informative (ou non aléatoire ou MNAR pour "Missing Not At Random ou nonignorable") si le processus de non réponse dépend des réponses non observées. Concrètement, cette hypothèse survient lorsque l'hypothèse de MAR n'est plus vérifiée. C'est une situation où les raisons d'une sortie d'étude à un instant t sont supposées dépendre de la réponse manquante à l'instant $t-1$, conditionnellement à la fois aux variables

18

du modèle et à la réponse à l'instant $t - 1$. Autrement dit, une sortie d'étude à l'instant t est supposée dépendre des réponses aux instants $t - 1$, mais pas du profil des autres covariables non observées entre $t - 1$ et t.

Données manquantes dans les essais J14

Dans les essais J14 (réponse univariée à J14), les réponses manquantes sont liées aux perdus de vue ou aux exclus avant J14. Nous avons noté au total 19 PDV au jour 14, soit 3,5% des 538 patients au total. Le pourcentage de données manquantes au jour 14 dans les essais J28 était de 6,2% c'est-à-dire 49 patients (47 PDV, 2 EXCLUS) parmi les 795 au total. Lorsque la variable réponse manquante dépend de covariables mesurées, comme c'est le cas dans ces données, une possibilité d'imputation est de prédire la donnée manquante sur la covariable et d'en déduire celle manquante sur la réponse.

Données manquantes dans les essais J28

Si nous considérons les données J28, les différentes séquences rencontrées au cours du temps dans la réponses sont représentées au tableau (1.6). Le plan des réponses apparaît déséquilibré. Selon le type de traitement reçu, si on s'intéresse aux scores observés par catégorie de réponse au cours du temps, on dira qu'un traitement est meilleur qu'un autre si le score augmente vers les catégories positives.

	J14	J21	J28	Données non corrigées	Données PCR corrigées
1	RCPA	NA	NA	9 (1.1%)	12 (1.51%)
2	RCPA	RCPA	NA	3 (0.4%)	24 (3.01%)
3	RCPA	EPT	NA	20 (2.5%)	10 (1.25%)
4	RCPA	ECT	NA	21 (2.6%)	10 (1.25%)
5	NA	NA	NA	49 (6.2%)	49 (6.2%)
6	ECT	NA	NA	2 (0.3%)	0
7	EPT	NA	NA	4 (0.4%)	3 (0.37)
8	ETP	NA	NA	0	0
9	RCPA	RCPA	RCPA	652 (82%)	671 (84.27%)
10	RCPA	RCPA	EPT	21 (2.6%)	8 (1%)
11	RCPA	RCPA	ECT	14 (1.8%)	8 (1%)
Total				795	795

Table 1.6: Combinaisons possibles de réponse dans les essais J28. Fréquences d'apparition quel que soit le médicament, quelle que soit l'année d'étude. Pourcentages calculés par rapport au nombre total de patients. Données non corrigées/corrigées par PCR. NA : donnée absente.

Les cas 1, 2 et 5 pourraient correspondre à plusieurs situations. Ils pourraient signifier que le patient a "oublié" de se rendre au centre de santé, ce qui peut être considéré comme un hasard total. Dans ce cas, la donnée serait MCAR. Ils pourraient également signifier que le patient s'est déplacé indépendamment de son état antérieur ou bien a pris la décision de ne plus faire partie de l'étude. Les cas 3, 4, 6, 7 et 8 sont des cas où la donnée manque conditionnellement à l'observation antérieure. On pourrait les assimiler au processus MAR. La raison est que lorsqu'un échec survient, l'investigateur enlève le malade de l'étude et lui administre un autre médicament. Dans ce cas, la probabilité que la donnée manque apparaît directement liée au fait qu'il est en échec à la visite précédente. Le cas 5 peut aussi signifier un patient exclu de l'étude avant J14 pour violation du protocole. Dans ce dernier schéma, on sait pourquoi la donnée manque. Elle n'est pas aléatoire et ne dépend pas forcément des observations précédentes. Il peut être assimilé au cas

19

MNAR.

Dans les essais J28 (réponses répétées J14, J21, J28), le cas 8 n'a pas été observé car il n'y a pas eu d'échec thérapeutique précoce. La présence des NAs ("not available") aux jours 21 et 28 est un processus de non-réponse qui dépend en partie d'événements antérieurs observés, tels que la survenue d'un échec, ou d'un événement famillial entraînant la perte de vue du patient. Ce processus implique une modification de l'échantillon à chaque évaluation. Il n'est donc pas complètement aléatoire (MCAR). De plus, ces classes d'échec sont des états définitifs (absorbants) car les patients en échec sont retirés de l'étude et reçoivent un autre médicament. Il n'est donc pas possible de passer d'une classe d'échec à la classe RCPA, par contre il est possible de passer de RCPA à l'échec ou même de rester dans la classe RCPA.

Chapitre 2

Méthodes statistiques/ Etat de l'art

Dans ce chapitre, nous faisons une revue des méthodes utilisées dans nos analyses. Ces méthodes ont été inspirées à partir du critère OMS d'évaluation des antipaludiques et de la littérature publiée. Nous présenterons la méthode utilisée pour la réponse binaire, ensuite, celle utilisée pour la réponse catégorielle. Ces méthodes sont essentiellement inspirées des techniques de méta-analyse.

2.1 Méthodologie sur critère binaire

Le but général était de faire une méta-analyse des essais menés à partir du critère RCPA. Dans un premier temps, nous avons comparé les proportions de RCPA dans chaque étude au moyen du odds ratio, selon les approches per-protocol et ITT (*intention to treat*).

2.1.1 Méta-analyse : rappel des principes

Dans sa prise de décision, le médecin (praticien ou chercheur) est souvent confronté à une multiplicité d'informations. Lors du choix d'une thérapeutique pour une maladie, il dispose fréquemment des résultats de nombreux essais thérapeutiques parfois contradictoires. Avant de mettre en pratique ces informations, il doit les trier et les synthétiser : la technique de méta-analyse permet d'agglomérer sous certaines conditions et hypothèses, des données d'essais différents portant sur des traitements identiques pour répondre à une question posée. C'est une technique systématique car elle implique une recherche aussi exhaustive que possible de tous les essais publiés ou non publiés. Elle est quantifiée car elle se base sur des calculs statistiques permettant une estimation précise de la taille d'un effet commun.

Dans les méthodologies de méta-analyse, les méthodes dites à effets fixes permettent de "pooler" les données de plusieurs études en supposant un effet fixe commun à toutes les études. Cette méthode ne suppose pas l'existence d'une variabilité de l'effet étudié entre études. A l'opposé, les techniques de méta-analyse à effets aléatoires tiennent compte d'une hétérogénéité entre études sur le critère d'intérêt.

L'originalité des données recueillies au niveau du Cameroun provient 1) du caractère standardisé des protocoles d'évaluation de chacun des sous - essais ; 2) d'un recrutement au sein d'une même population ; 3) de la disponibilité des données individuelles. Elle correspond aussi à la possibilité, pour les essais conduits après 2003, de disposer de données PCR (*polymerase chain reaction*) permettant de comparer la séquence du *plasmodium* lors de l'échec évalué et de distinguer aussi des faux échecs (réinfections) de phénomènes de recrudescence (vrais échecs). Cependant, contrairement à la situation d'une méta-analyse classique, où le traitement de référence ou *placebo* est le même dans chaque essai, la série d'essais menés au Cameroun est caractérisée par le fait que chacun des essais ne comporte pas tous les traitements, même si globalement tous les traitements étaient comparés. Cette situation correspond à une méta-analyse de comparaison mixte de traitement (*mixed treatment comparisons* : MTC) [17, 18, 19, 20].

On entend par comparaison mixte, une synthèse de preuves directes et indirectes [21]. Contrairement à la méta-analyse classique où l'effet global du traitement est facile à estimer, la difficulté réside dans l'estimation d'un effet commun lorsque les essais ne comparent pas les mêmes bras de traitements. Cependant, des méthodologies de comparaisons des traitements ont été développées pour aglomérer les résultats des essais cliniques à partir de mesures (différences d'effets traitement) directes et indirectes. Ces méthodes sont de plus en plus utilisées dans la littérature clinique [22, 23]. Les méthodes d'estimation des effets du traitement sont pour la plus part des méthodes à effets mixtes essayant de prendre en compte l'hétérogénéité statistique. La principale technique d'inférence utilisée est l'inférence bayésienne [24, 25, 26].

Pour mieux comprendre le principe des comparaisons directes et indirectes, supposons une série de comparaisons correspondant à des essais randomisés : A vs B, A vs C, A vs D, B vs D. La comparaison directe est celle qui s'effectue au sein d'un essai donné, la comparaison indirecte cherche au contraire à estimer une différence d'effet entre 2 bras qui n'appartiennent pas à un même essai. Par exemple, une différence entre C et D comme le montre le schéma 2.1.

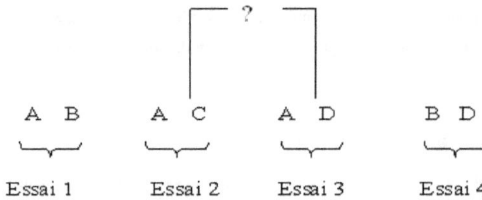

Figure 2.1: Schéma de comparaison directe et indirecte.

L'objectif d'une analyse MTC est de combiner toutes ces informations, en respectant la comparabilité liée à la randomisation [21], et de fournir des estimations de l'effet de chaque traitement comparé à un autre, même si ces traitements n'ont pas été comparés dans les mêmes essais.

Les résultats de la méta-analyse s'expriment souvent en termes de OR, RR ou de différence de moyennes. Ces dernières quantités dépendent du critère de jugement utilisé, ou du type de réponse au traitement. Le plus souvent, il s'agit d'un critère binaire renvoyant à un cas très classique, ou d'un critère catégoriel qui peut être univarié [27] ou répété [28, 29]. L'analyse des réponses discrètes reste un sujet de développements méthodologiques, en particulier lorsque l'hétérogénéité clinique est présente [30].

La "comparaison mixte de traitement" ou "méta-analyse en réseau" est un concept nouvellement développé dans les méta-analyses d'essais thérapeutiques [31, 12]. Cette représentation permet une exploration graphique des données [32] (cf. l'exemple des essais J28, chapitre 1, Figure 1.5).

Effets fixes, effets aléatoires

Dans les modèles mixtes, on introduit des effets aléatoires contrairement à un modèle linéaire simple. Ces effets aléatoires sont destinés à prendre en compte l'hétérogénéité entre groupes. Pour cela, on introduit des ordonnées à l'origine aléatoires qui prennent en compte les différences entre groupes et individus. Le modèle à effets fixes et le modèle à effets aléatoire prennent en compte de manière différente la dépendance entre les observations d'un même sujet. Dans les études longitudinales, le modèle marginal modélise séparément la corrélation intra-sujet des réponses et la régression sur les variables explicatives tandis que, dans le modèle à effets aléatoires, cette corrélation est prise en compte au moyen des effets aléatoires individuels qui génèrent une corrélation intra classe constante entre mesures. Elle est modélisée conjointement avec les variables explicatives.

Dans notre cas, un effet aléatoire centre ou étude, peut être interprété comme une caractéristique climatique, environnementale (fréquence d'exposition au plasmodium), inhérente à l'année d'étude ou au centre d'étude. Les effets aléatoires sujet s'interpréteraient comme une sensibilité liée au sujet induite par la prise des antipaludiques. Cette sensibilité peut être constante dans le temps de suivi des patients ou peut dépendre du temps de suivi.

Les modèles utilisés pour "pooler" les données diffèrent selon la manière de prendre en compte, d'une part, l'hétérogénéité entre études et, d'autre part, dans le cas particulier de données répétées chez un même sujet, de modéliser cette variabilité intra-sujet.

2.1.2 Méthodes

La méthodologie a été essentiellement inspirée des travaux de Jansen et al (2007) [33]. Dans ce travail, pour évaluer l'efficacité relatives des ACTs, les auteurs ont fait une méta-analyse d'essais d'antipaludiques où plusieurs bras possibles de traitement étaient présents d'un essai à l'autre. Le critère de jugement était le taux de RCPA corrigé/non corrigé au Jour 28. La technique d'analyse était une estimation bayésienne.

Le modèle utilisé par Jansen et al (2007) modélise la probabilité π_{el} d'observer Y_{el} succès chez les N_{el} patients traités par l traitements testés dans l'étude e :

$$\log \frac{\pi_{el}}{1 - \pi_{el}} = \alpha_e + \beta_l, \ (e = 1, \ ... \ , E), \ l \in S(e), \text{ ensemble des traitements testés dans l'étude } e,$$

où les α_e sont supposés distribués suivant $\mathcal{N}(0, \sigma^2)$, et les β_l suivant $\mathcal{N}(\gamma_l, \tau_l^2)$ avec $\tau_l^2 = \tau^2$ quel que soit l.

Le modèle de Jansen et al [33] est appliqué ici aux données individuelles.

$Y_{eil} \sim Ber(1, \ \pi_{eil})$, $e = 1, \ ... \ , E$, $i = 1, \ ... \ , N_e$, $l \in 1, \ ... \ , n_{Trt} - 1$), où Ber, désigne la variable de Bernouilli binaire.

où n_{Trt} est le nombre total de traitements testés dans l'ensembles des données analysées.

$$\log\left(\frac{\pi_{ei}}{1 - \pi_{ei}}\right) = \alpha_{ei} + \sum_{l=1}^{n_{Trt}-1} \beta_l X_{il}$$

Y_{eil} est la variable aléatoire représentant l'état du patient en fin de suivi (au jour 14 ou au jour 28) chez les N_e patients traités avec l'un des l traitement dans l'étude e ; π_{eil} est la probabilité de guérison correspondante ; α_{ei} est l'effet sujet i de l'étude e et β_l l'effet du traitement l. Contrairement à l'approche de Jansen où les effets du traitement sont estimés à

23

l'intérieur de l'essai auquel ils appartiennent, dans notre cas, ceux-ci sont estimés de façon globale au moyen des données individuelles des patients.

Le vecteur de paramètres β est égal à $(\beta_0, ...\beta_l, ...\beta_{n_{Trt}-1})$. X_i est une matrice à n_{Trt} colonnes dont la première colonne correspond au traitement de référence et les $n_{Trt} - 1$ autres, représentant les différents changements, sont appelées les contrastes. Il existe plusieurs types possibles de matrices contrastes. Celle qui est utilisée sous R est le contraste traitement, qui n'impose aucun ordre sur les modalités du facteur traitement. La première colonne de X_i contient uniquement des zéros. Ainsi, $\beta_0 = 0$. La distribution des effets sujet au sein de chaque essai, α_{ei}, est supposé aléatoire $\alpha_{1i}, ... , \alpha_{Ei} \sim N(0, \sigma^2)$.

On pourrait penser à un σ_{ij}^2 pour chaque groupe de sujets au sein de l'essai, mais étant donné qu'on a affaire à une même population d'individu, on suppose que quel que soit l'essai, pour les individus d'un même essai, on a une même variabilité sujet σ^2. On suppose ici que, quel que soit l'essai, pour les individus d'un même essai, on a une variabilité sujet constante σ^2. Les effets traitement β_l sont supposés distribués suivant une loi normale $N(\gamma_l, \tau_l^2)$. Les τ_l^2 sont supposés égaux à un τ^2 commun, pour représenter la seule variabilité de l'effet médicament.

Principe du raisonnement Bayésien

Dans l'approche **fréquentiste** classique, partant d'un jeu de données observées x, l'intérêt est porté sur un paramètre θ, supposé fixé, non aléatoire, qu'on cherche à estimer. Une vraisemblance du jeu de donnée observées conditionnellement au paramètre inconnu $p(x|\theta)$ est maximisée, pour donner un estimateur $\hat{\theta}$ de θ, dont on construit en général un intervalle de confiance (IC) de niveau 95%. L'interprétation d'un IC est souvent la suivante : sur 100 intervalles de confiance (calculés à partir d'autres échantillons obtenus dans les mêmes conditions expérimentales), 95 contiendront la vraie valeur du paramètre. Ces 100 intervalles de confiance ont nécessité une réplication des données (plusieurs jeux de données), donc une sorte d'extrapolation.

Dans l'approche **bayésienne**, il n'existe pas de telle extrapolation. Un seul jeu de données est disponible pour déduire l'information sur le paramètre θ, qui est supposé maintenant aléatoire. L'approche bayésienne suppose de partir de connaissance *a priori* sur la loi de distribution θ, puis de confronter cette information aux données pour en déduire une nouvelle loi de distribution de θ. Cette nouvelle loi représente la mise à jour du paramètre, appelée loi *a posteriori* $\pi(\theta|x)$, loi du paramètre θ sachant les observations x qui est la loi stationnaire recherchée. Si la loi *a posteriori* est égale à la loi *a priori*, cela signifie que les données n'ont rien apporté sur la connaissance du paramètre.

Les paramètres de cette loi *a posteriori* (moyenne et variance *a posteriori*) sont souvent très difficiles à calculer à cause du problème d'intégration. En absence de solution analytique, on recourt à des techniques d'approximations numériques itératives. Ces approximations vont être basées sur des itérations d'ordre de grandeur de 50000, 60000. Contrairement à l'approche fréquentiste classique, il ne s'agira plus d'intervalle de confiance mais d'intervalle de crédibilité du paramètre.

L'avantage d'une telle méthode est liée à la souplesse, en particulier lorsqu'on travaille sous WinBUGS (logiciel permettant de faire de l'inférence bayésienne). Sous Winbugs, une valeur du paramètre est renvoyée à chaque itération et provient de la loi *a posteriori*. L'idée de base est de ne considérer que des distributions conditionnelles univariées, en considérant tous les paramètres fixés, sauf un, avec mise à jour successive. Cette situation était plus simple à simuler que des distributions jointes complexes.

Sous Winbugs, la convergence peut être contrôlée à partir de plusieurs paramètres dont le MC (Markov Chain) erreur (qui doit être plus petit que 5% de l'écart type de la moyenne *a posteriori*), le graphique des densités *a posteriori*, les diagrammes d'autocorrélation. Il peut arriver que tous les paramètres ne convergent pas en même temps vers la distribution stationnaire. Ceci pousse, soit à augmenter le nombre d'itération, soit à changer la loi *a priori* des paramètres.

La méthode d'estimation suppose de formuler des distributions *a priori* pour chaque paramètre du modèle. Les paramètres β_l ont été supposés distribués suivant une loi normale $\mathcal{N}(0, 1/\tau^2)$ où, $1/\tau^2 \sim Gamma(1, 0.1)$ et $1/\sigma^2 \sim Gamma(1, 0.283)$, $Gamma$ désigne la loi de distribution Γ. Dans notre cas, nous avons choisis 50000 comme nombre d'itérations avec un temps de chauffe (itérations supprimées au début avant convergence vers la distribution limite) limité à 25000 itérations.

Conclusion sur la méthode. Nous avons choisi d'utiliser une méthode bayésienne mais, dans les analyses, nous nous sommes heurtés au problème du choix des lois *a priori*. Les *a priori* pour les paramètres de la variance ont été choisis après des analyses sur données réelles. On aurait pu utiliser la méthode du maximum de vraisemblance mais la difficulté était liée à l'intégration de la vraisemblance suivant la distribution des effets aléatoires. C'est l'une des raison pour laquelle nous avons préféré une analyse bayésienne sous WinBUGS qui offre beaucoup de souplesse.

La sections suivantes sont consacrées aux méthodes utilisées dans le but de prendre en compte l'ordinalité du critère de l'OMS. Dans un premier temps, il s'agira des notations conduisant aux méthodes d'estimation pour le modèle à effet fixe. Dans un deuxième temps, nous présenterons le modèle à effets aléatoires et les méthodes d'estimation. Une troisième partie est consacrée à la simulation de données catégorielles, selon les approches univariée et multivariée.Enfin, une dernière section sur l'imputation des données manquantes termine ce chapitre méthodologique.

2.2 Méthodologie sur critère catégoriel

D'un point de vue historique, les premières références à des analyses portant sur des données catégorielles remontent aux années 1900, avec les travaux de Karl Pearson et Yule sur l'association entre variables catégorielles. Pearson avait introduit la statistique du χ^2 et Udny Yule, le odds ratio (OR), comme étant des mesures d'association.

Actuellement, de nombreux développements concernent les méthodes pour données catégorielles (cf Liu et Agresti [34] pour une revue). Certaines sont développées dans le contexte des essais cliniques [35, 36, 29, 30]. On les retrouve aussi dans des méta-analyses d'essais thérapeutiques [27]. Il existe plusieurs types de modèles ordinaux. Ceux-ci ont été décrits et étudiés par Carriere I. (2005) [37], avec une application sur une étude longitudinale concernant l'incapacité des personnes âgées. Le modèle le plus utilisé est le modèle logistique cumulé, qui tient compte de l'ordre dans les catégories de réponse. L'hypothèse qui est faite en général est l'hypothèse de *proportional odds* (McCullagh, 1980) qui stipule que l'effet du traitement est le même quelle que soit la catégorie de réponse.

Un critère catégoriel ordinal est un critère pour lequel il existe un ordre dans les catégories de réponse. Dans le cas du système éducatif par exemple, ce sont les mentions attribuées à un examen : TB, B, AB et P. Dans ce cas, la mention TB traduit une valeur plus élevée que la simple mention passable P. Dans le cas plus précis des essais cliniques, les résultats sont souvent mesurés dans une échelle catégorielle ordonnée. Ainsi, les catégories liées à la guérison peuvent être : complète, modérée, minimale, absence.

La modélisation des données ordinales passe le plus souvent par l'hypothèse de l'existence d'une variable aléatoire non-observée continue sous-jacente, de distribution connue, directement liée à la réponse catégorielle et pour laquelle il est possible de proposer une modélisation sous forme d'une dépendance linéaire de son espérance. Des techniques de modèles linéaires généralisés plus ou moins complexes peuvent alors s'appliquer pour l'analyse des données catégorielles.

Les covariables susceptibles d'agir sur un critère principal comme la guérison peuvent être multiples : *a priori*, des covariables liées au traitement reçu, à l'environnement du sujet peuvent intervenir, mais également des paramètres plus directement liés à la personne comme l'âge, le genre, etc.... Dans le cas d'une étude portant sur une notation avec mentions dans le système éducatif, c'est le degré d'intelligence de l'élève qui est mesuré. Mais en réalité, l'intelligence est une variable non observée ou une variable latente [38], qui pourrait être liée à l'état de santé, à un certain nombre de caractéristiques sociales telles que le revenu des parents, leur niveau d'éducation, le système éducatif à lui même etc. De manière similaire, l'utilisation de données catégorielles est fréquent en sciences sociales ou en épidémiologie, en particulier lorsqu'on veut étudier les déterminants sociaux de certains indicateurs de santé, comme, par exemple, la mortalité. Dans ce dernier cas, on cherche à expliquer des différences de taux de mortalité entre les niveaux possibles d'un facteur social donné. L'intérêt se porte le plus souvent sur l'estimation des paramètres dans le modèle qui en découle et non sur la modélisation de la variable latente elle même. La modélisation de variables latentes apparait comme un élément important en particulier dans la théorie de l'analyse des réponses dans des questionnaires (IRT-*item response theory*) [38].

2.2.1 Notations

Nous avons adopté les notations de Lipsitz et al [39] pour l'analyse des observations répétées, au cas de plusieurs études ou plusieurs centres. Leur méthode a été décrite pour un modèle à deux niveaux (sujet et réponse au cours du temps). Nous considérons un niveau de plus qui est l'étude ou le centre.

Soit E, le nombre de centres (ou l'année de l'essai) ; N, le nombre total de patients, N_e, ($e = 1, \ldots, E$) le nombre de sujets par centre (ou par année). On suppose qu'il y a $t = 1, \ldots, O_{ie}$ ($i = 1, \ldots, N_e$) observations pour le sujet i par centre (ou de l'année) e. Si les sujets ont le même nombre d'observations, on note $O_{ie} = T$ avec T correspondant au nombre de temps de visite. Soit Z_{eit}, la réponse ordinale pour le t-ième sous-unité (temps) du i-ième cluster (sujet) appartenant au centre e. On suppose que Z_{eit} est une variable aléatoire catégorielle à K catégories ($k = 1, \ldots, K$). Soit $W_{eitk} = \mathbb{I}(Z_{eit} = k)$, la variable aléatoire binaire qui prend la valeur 1 si la réponse pour le sujet i de l'étude e à l'intant t est dans la k-ième catégorie. On note les probabilités marginales correspondantes par $\pi_{eitk} = Pr(Z_{eit} = k) = E(W_{eitk}) = Pr(W_{eitk} = 1)$ et la probabilité marginale cumulée correspondante par $Q_{eitk} = Pr(Z_{eit} \leq k)$ pour $e = 1, \ldots, E$; $i = 1, \ldots, n_e$; $t = 1, \ldots, O_{ie}$; et $k = 1, \ldots, K$ telle que $\pi_{eitk} = Q_{eitk} - Q_{eit,k-1}$; $Q_{eiK} = 1$; $Q_{ei0} = 0$. Si on suppose qu'on a le même nombre d'observations T par sujet, le vecteur de taille $T(K-1)$ de réponse binaire W_{ei} pour le sujet i du centre e est constitué des variables aléatoires binaires W_{eitk}.

Pour le cas des données non équilibrées, en particulier dans les essais d'antipaludiques menés après 2003, le nombre d'observations diffère d'un individu à l'autre pour des raisons liées à la présence de données manquantes longitudinales.

2.2.2 Modèle à rapport de côtes proportionnelles (*proportional odds*)

Ce modèle appartient à la classe des modèles ordinaux. La modélisation des données ordinales, en particulier le modèle PO (*proportional odds*), repose sur l'hypothèse de l'existence d'une variable latente L continue, qu'on suppose liée à la réponse ordinale Z à travers des ordonnées à l'origine (*intercepts*) α_k ($k = 1, \ldots, K$). La variable latente modélise tout ce qui est non observé. Dans le cas du paludisme, elle peut être liée aux conditions climatiques, à la santé nutritionnelle, au niveau de vie, à la fréquence d'exposition au plasmodium, au degré d'immunité, etc...

Notons les catégories de l'OMS par 1=RCPA ; 2=EPT ; 3=ECT ; 4=ETP, ordonnées de la meilleure catégorie à la plus mauvaise. Nous supposons que x, est une covariable traitement prenant les valeurs 1 pour le traitement de référence et 0 pour le contrôle. Supposons ces catégories observées pour les 2 traitements, la question est de savoir, au vu des catégories observées, quel est le meilleur médicament. Pour comparer la différence d'effet traitement $\beta_1 - \beta_0$, une première idée serait de faire autant de régressions logistiques qu'il y a de catégories de réponse. Mais cela peut être coûteux en temps d'analyse et en précision d'estimateur. Une approche possible est de rechercher un estimateur de la différence d'effet traitement sous l'hypothèse qu'elle est la même d'une catégorie à l'autre, ce qui rend le modèle parsimonieux [40].

Le caractère ordinal de la réponse impose une contrainte sur les ordonnées à l'origine α_k associés à la variable latente L, qui se rangent en ordre croissant : $\alpha_1 < \alpha_2 < \ldots < \alpha_{K-1}$; $\alpha_0 = 0$ et $\alpha_K = \infty$. ce qui les contraint à être ordonnées. La réponse d'un sujet donné est déterminée par l'intervalle dans lequel la valeur de la variable non observée se trouve. En d'autres termes, un individu est dans la catégorie k ($Z = k$) lorsque L excède la valeur α_{k-1}, mais n'excède pas α_k (Voir schéma 2.2).

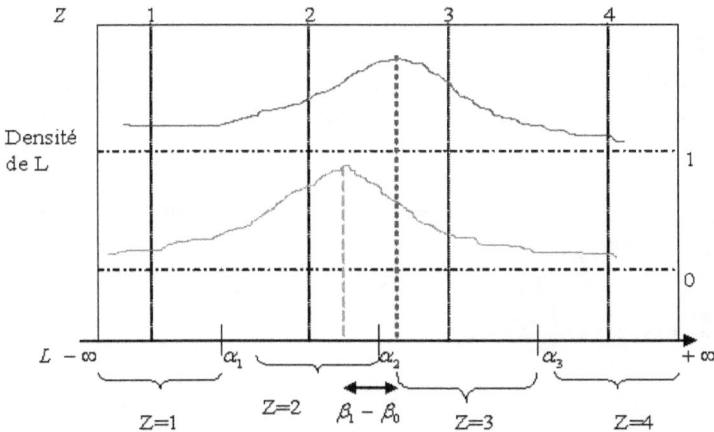

Figure 2.2: Les réponses observées et leurs variables latentes pour deux situations différentes de la variables explicative.

27

Ainsi, si $L = \beta x + \epsilon$ avec $\beta = \beta_1 - \beta_0$, $\mathbb{P}(Z = k|x) = \mathbb{P}(\alpha_{k-1} - \beta x \leq \epsilon < \alpha_k - \beta x) = F(\alpha_k - \beta x) - F(\alpha_{k-1} - \beta x)$, avec F la fonction de répartition de ϵ. Lorsque F la fonction de répartition de la loi logistique, le modèle correspond au modèle logistique cumulé ou modèle PO introduit par McCullagh et Nelder (1989). On pose $\gamma = -\beta$ et $Q_{eitk} = F(\alpha_k + \gamma x_{eit})$ Le modèle s'écrit :

$$logit(Pr(Z_{eit} \leq k)) = \log\left[\frac{Pr(L \leq \alpha_k)}{Pr(L > \alpha_k)}\right] = \log\frac{Q_{eitk}}{1 - Q_{eitk}} = \alpha_k + \gamma x_{eit} \tag{2.1}$$

où x_{eit} est le vecteur de covariables pour le iième sujet de l'étude e à l'instant t.

Le modèle 2.1 suppose que les catégories de réponse sont communes à toutes les études, et suppose l'hypothèse des "odds" proportionels c'est-à-dire que le ratio de la côte de l'événement $Z_{eit} \leq k$ correspondant à l'OR cumulé, pour deux situations différentes de la variable explicative, est indépendant de la catégorie k. Plus précisément, soient x_1 et x_2 deux conditions différentes de la variable explicative x :

$$OR = \left\{\frac{Pr(Z \leq k|x_2)}{Pr(Z > k|x_2)}\right\} \bigg/ \left\{\frac{Pr(Z \leq k|x_1)}{Pr(Z > k|x_1)}\right\} = \frac{e^{\alpha_k + \gamma x_2}}{e^{\alpha_k + \gamma x_1}} = e^{\gamma(x_2 - x_1)}$$

Dans le modèle ordinal et plus précisément le modèle logistique cumulé, on peut choisir de modéliser de la bonne catégorie à la plus mauvaise catégorie ou vice-versa. Seul le signe de l'effet change et pas l'effet lui-même : on dit que le modèle est réversible. Dans le modèle (2.1), un coefficient γ positif signifie que le patient quitte la mauvaise classe et s'achemine vers la bonne et donc le traitement est efficace, contrairement à un coefficient négatif qui traduit une inefficacité du médicament. La variable latente est supposée avoir une distribution symétrique : c'est le cas où les intercepts α_k s'étendent sur tout l'espace $\mathbb{R}$. Mais il peut arriver que celle-ci soit asymétrique c'est-à-dire que les α_k soient tronqués du côté de $-\infty$ ou de $+\infty$, ce qui pourrait correspondre aux modèles à valeurs extrêmes. Dans ce cas, il est recommandé d'utiliser d'autres fonctions de lien en particulier la fonction de lien cloglog (complémentaire du log-log, cf section 2.2.3). Dans notre cas, les valeurs extrêmes correspondent aux cas des traitements pour lesquels certaines classes d'échec ne sont pas observées, augmentant ainsi la probabilité de RCPA.

Test de l'hypothèse PO

Lorsque les catégories de réponse diffèrent d'une étude à l'autre, l'hypothèse de proportionalité entre traitements peut être testée séparément pour chaque étude au moyen de la méthode basée sur les scores. Un test de comparaison globale basé sur un ajustement de modèle et impliquant toutes les études, a été proposé par Whitehead et al [27]. L'hypothèse à tester est H$_0$ "le paramètre γ est identique pour les $K - 1$ probabilités cumulées" contre l'alternative H$_1$ "le paramètre γ est stratifié sur les $K - 1$ probabilités cumulées". Autrement dit, sous l'hypothèse alternative H$_1$, le modèle s'écrit :

$$logit(Q_{eitk}) = \alpha_{ek} + \sum_{h=1}^{K-1} \gamma_h x_{eit}, \tag{2.2}$$

lequel va être comparé au modèle sous l'hypothèse H$_0$:

$$logit(Q_{eitk}) = \alpha_{ek} + \gamma x_{eit}. \tag{2.3}$$

On utilise pour cela la déviance qui, sous l'hypothèse H0 de PO, suit un χ^2 dont le nombre de degrés de libertés (DDL) est la différence entre le nombre de paramètres des modèles (2.2) et (2.3). Il peut arriver, comme c'est le cas dans les essais du paludisme, que les niveaux de réponse soient a priori communs à toutes les études, de ce fait les intercepts α_{ek} seront identiques dans toutes les études.

28

Dans le cas de plusieurs covariables, plusieurs paramètres sont inclus dans le modèle, qui devient plus complexe. Dans ce cas, les hypothèses de proportionnalité peuvent être restrictives, ce qui conduit à des modèles partiellement proportionnels [36].

2.2.3 Le lien log-log complémentaire

Le modèle ordinal utilisant la fonction de lien *cloglog* est souvent appelé modèle à risques proportionnels (*proportional hazards* PH) puisqu'il résulte d'une généralisation du modèle à risques proportionnels pour les données de survie [40]. Dans la situation des données du paludisme, la survie correspondrait à la proportion de patients avec parasitémie indétectable et absence de fièvre. On note $P(Z \leq k|x) = G(k, x)$, la fonction de répartition correspondant au lien cloglog et donnée par $G(.) = 1 - e^{-e^{(.)}}$; $S(k, x) = 1 - P(Z \leq k|x) = P(Z > k|x)$, la fonction de "survie" associée. Le modèle cloglog s'écrit

$$\log[-\log(1 - P(Z \leq k|x))] = \alpha_k + \gamma x \tag{2.4}$$

C'est-à-dire

$$\log[1 - F(k, x)] = \log[S(k, x)] = -e^{\alpha_k + \gamma x},$$

ou encore $S(k, x) = S_0(k)^{e^{\gamma x}}$ qui caractérise le modèle à risques proportionels où $S_0(k) = e^{-e^{\alpha_k}}$ assure le rôle de la fonction de survie de base.

Pour deux situations x_1 et x_2 de la variable explicative, l'hypothèse de parallélisme (risques constants à travers toutes les catégories de réponse) considère le ratio du log des fonctions de survie en x_1 et x_2

$$\frac{\log[S(k, x_2)]}{\log[S(k, x_1)]} = \frac{e^{\gamma x_2} \log[S_0(k)]}{e^{\gamma x_1} \log[S_0(k)]} = e^{\gamma(x_2 - x_1)}$$

tel que

$$S(k, x_2) = S(k, x_1)^{e^{\gamma(x_2 - x_1)}}$$

ou encore

$$Pr(Z > k|x_2) = Pr(Z > k|x_1)^{e^{\gamma(x_2 - x_1)}}$$

On cherche à savoir si la proportion de personnes ayant une réponse plus grande que k sachant la condition x_2 est égale à la proportion ayant un score supérieur à k sachant x_1 après élevation à la puissance $e^{\beta(x_2 - x_1)}$.

Dans le cas d'un modèle à effets mixtes, un terme d'effets aléatoires peut être ajouté dans les modèles (2.1) et (2.4), et les probabilités sont modélisées conditionnellement à ces effets aléatoires (cf. section 2.2.5).

2.2.4 Méthodes d'estimation pour le modèle à effets fixes

Nous présentons ici les méthodes d'estimation utilisées pour le cas de la réponse unique, mais qui trouvent une extension au cas des réponses catégorielles répétées [29]. Ces méthodes avaient été étudiées et discutées essentiellement dans un contexte de méta-analyse sur données individuelles (Whitehead, 2001). Cette méta-analyse regroupait des essais où seuls deux traitements identiques d'un essai à l'autre étaient présents. Le critère de jugement était un critère catégoriel ordinal univarié.

Méthode du maximum de vraisemblance

Notons par C_1=RCPA ; C_2=EPT ; C_3=ECT ; C_4=ETP les catégories définies par l'OMS. L'individu i de l'étude e dont la variable réponse est Z_{ei}, est dans la classe C_k avec une probabilité π_{eik}, $k = 1, ..., K = 4$. Sa contribution à la vraisemblance est donnée par

$$V_{ei} = \prod_{k=1}^{K} \pi_{eik}^{w_{eik}} \; ;$$

où w_{eik}, valeur observée de W_{eik}, prend la valeur 1 si l'individu a sa réponse observée dans la catégorie k et 0 sinon c'est-à-dire : $W_{eik} = \mathbb{I}(Z_{ei} = k)$. Pour les N_e individus de l'étude e, supposés indépendants, on a la vraisemblance :

$$V_e = V(Z_e; \gamma) = \prod_{i=1}^{N_e} \prod_{k=1}^{K} \pi_{eik}^{w_{eik}} \qquad (2.5)$$

Enfin, pour les N patients appartenant aux $E = 3$ études supposées indépendantes, la vraisemblance de toutes les observations est donnée par :

$$V = \prod_{e=1}^{E} \prod_{i=1}^{N_e} \prod_{k=1}^{K} \pi_{eik}^{w_{eik}} \, ; \qquad (2.6)$$

d'où la log-vraisemblance :

$$\log(V) = \sum_{e=1}^{E} \sum_{i=1}^{N_e} \sum_{k=1}^{K} w_{eik} \log(\pi_{eik}). \qquad (2.7)$$

Posons $\eta_{ei} = \sum_{l=1}^{p} \gamma_l x_{lei}$, une combinaison linéaire des variables observées x_{ei}, p étant le nombre de paramètres du modèle, $\theta = (\gamma_1, .., \gamma_p, \alpha_1, ..., \alpha_{K-1})$ les $p + K - 1$ paramètres à estimer. Pour $k = 2, ..., K - 1$, on a

$$
\begin{aligned}
\pi_{eik} &= Q_{eik} - Q_{ei,k-1} \\
&= \frac{1}{1 + e^{(-\alpha_k - \eta_{ei})}} - \frac{1}{1 + e^{(-\alpha_{k-1} - \eta_{ei})}} \\
&= \frac{e^{(-\alpha_{k-1} - \eta_{ei})} - e^{(-\alpha_k - \eta_{ei})}}{\left(1 + e^{(-\alpha_k - \eta_{ei})}\right)\left(1 + e^{(-\alpha_{k-1} - \eta_{ei})}\right)}
\end{aligned}
$$

pour $k = 1$, on a $\pi_{ei1} = Q_{ei1}$; et pour $k = K$ on a $\pi_{eiK} = 1 - Q_{ei,K-1}$. Ceci amène à écrire la log-vraisemblance comme suit :

$$
\log(V) =
$$
$$
\sum_{e=1}^{E} \sum_{i=1}^{N_e} \sum_{k=1}^{K} w_{eik} \left\{ \log\left(e^{(-\alpha_{k-1} - \eta_{ei})} - e^{(-\alpha_k - \eta_{ei})} \right) - \log(1 + e^{(-\alpha_k - \eta_{ei})}) - \log(1 + e^{(-\alpha_{k-1} - \eta_{ei})}) \right\}
$$

$$
= \sum_{e=1}^{E} \sum_{i=1}^{n_e} -w_{ei1} \log(1 + e^{-\alpha_1 - \eta_{ei}}) + \sum_{k=2}^{K-1} w_{eik} \left(\log(e^{-\alpha_{k-1} - \eta_{ei}} - e^{-\alpha_k - \eta_{ei}}) - \log(1 + e^{-\alpha_k - \eta_{ei}}) \right.
$$
$$
\left. - \log(1 + e^{-\alpha_{k-1} - \eta_{ei}}) \right) + w_{eiK} \left[-(\alpha_{K-1} + \eta_{ei}) - \log(1 + e^{-\alpha_{K-1} - \eta_{ei}}) \right]
$$

Par un développement similaire utilisant la fonction de lien cloglog, on peut obtenir une écriture différente de la vraisemblance. Il faut ensuite maximiser cette vraisemblance au moyen d'un algorithme numérique, pour obtenir l'estimateur $\hat{\theta}$ du vecteur θ.

Méthodes IGLS et GEE

Les alternatives au maximum de vraisemblance sont les méthodes IGLS (*iterative generalized least squares*) et GEE (*generalized estimating equations*).

Cadre commun Dans les méthodes IGLS et GEE, la réponse ordinale à un instant donné, est recodée en une suite de $K-1$ variables aléatoire binaires $Y_{ij1}, \ldots, Y_{ij,K-1}$ telles que $\mathbb{E}(Y_{ijk}) = Q_{ijk}$. On note par $y_{ei1}, \ldots, y_{ei,K-1}$ les réalisations des $K-1$ variables Y_{ijk}. Concrètement pour le cas du critère OMS, si le patient a une réponse dans la catégorie C_1 (considérée comme RCPA), alors $y_{ei1} = \ldots = y_{ei,K-1} = 1$. Si le patient a une réponse dans la catégorie C_2 (considérée comme EPT), alors $y_{ei1} = 0$, et $y_{ei2} = \ldots = y_{ei,K-1} = 1$. Si le patient a une réponse dans la catégorie C_K (considérée comme ETP), alors $y_{ei1} = y_{ei2} = \ldots = y_{ei,K-1} = 0$.

Remarque : Il convient de ne pas confondre la variable aléatoire W_{eik} de la section 2.2.1 à la variable aléatoire Y_{eik} ci-dessus. Le tableau suivant permet de faire la différence. Le codage de la réponse ordinale induit une structure de

Catégorie	w_{ei1}	w_{ei2}	w_{ei3}	w_{ei4}	y_{ei1}	y_{ei2}	y_{ei3}
C_1	1	0	0	0	1	1	1
C_2	0	1	0	0	0	1	1
C_3	0	0	1	0	0	0	1
C_4	0	0	0	1	0	0	0

corrélation pour les variables Y_{eik}. Pour le sujet i de l'étude e, la matrice Ω_{eik} de corrélation est donnée par

$$cov(Y_{eih}, Y_{eik}) = Q_{eih}(1 - Q_{eik}),$$

pour $h \leq k$, et $k = 1, \ldots, K-1$. C'est une matrice de dimension $(K-1) \times (K-1)$. Notons par Ω_e, la matrice de variance covariance du vecteur (Y_e). Elle est bloc-diagonale de dimension $N_e(K-1) \times N_e(K-1)$, chaque bloc représente la matrice de variance Ω_{eik} pour la variable réponse binaire, corrélée d'un patient.

$$\Omega_e = \begin{pmatrix} \Omega_{e11} & 0 & & & & 0 & 0 \\ & \ldots & 0 & & & & \\ & & \ldots & 0 & & & \\ & & & \begin{pmatrix} Q_{ei1}(1-Q_{ei1}) & Q_{ei1}(1-Q_{ei2}) & Q_{ei1}(1-Q_{ii3}) \\ Q_{ei1}(1-Q_{ei2}) & Q_{ei2}(1-Q_{ei2}) & Q_{ei2}(1-Q_{ei3}) \\ Q_{ei1}(1-Q_{ei3}) & Q_{ei2}(1-Q_{ei3}) & Q_{ei3}(1-Q_{ei3}) \end{pmatrix} & 0 & & \\ & & & & \ldots & & \\ & & & & & \ldots & 0 \\ 0 & 0 & 0 & & & & \Omega_{eKN_e} \end{pmatrix}$$

Posons $\lambda_{eik} =$

$logit(Q_{eik})$. On note X, la matrice du plan expérimental (matrice design), fixée, dont les colonnes correspondent au terme nul de régression et aux colonnes de la matrice X_p des p covariables.

Approche IGLS

Dans cette méthode, les estimateurs du maximum de vraisemblance sont obtenus à partir de plusieurs itérations. Le but de la méthode est de construire un nouveau modèle sous lequel les paramètres sont faciles à estimer. Pour cela, on définit de pseudo-variables Y_{eik}^* dont les composantes sont données par

$$y_{eik}^* = y_{eik} - Q_{eik} + \lambda_{eik} \frac{dQ_{eik}}{d\lambda_{eik}}, \qquad (2.8)$$

qui s'obtiennent au moyen d'un développement de Taylor à l'ordre 1 du logit des probabilités cumulées Q_{eik}. La méthode IGLS implique une régression de la variable dépendante Y^* sur la matrice design X^* modifiée de poids Ω qui est la matrice de variance-covariance induite par le codage de la variable ordinale.

Si nous considérons les $K = 4$ catégories OMS, et supposons que le sujet a reçu le traitement 0, on construit une nouvelle matrice du plan expérimental :

$$X^{**} = \begin{bmatrix} 1 & 0 & 0 & 0 \\ 0 & 1 & 0 & 0 \\ 0 & 0 & 1 & 0 \end{bmatrix}$$

où les $K - 1 = 3$ premières colonnes correspondent aux colonnes des intercepts α_k. Notons R la matrice diagonale dont les éléments diagonaux sont donnés par $\frac{dQ_{eik}}{d\lambda_{eik}} = Q_{eik}(1 - Q_{eik})$ correspondant aux élements diagonaux de Ω. A chaque itération, la matrice X^* est obtenue en multipliant la matrice design X^{**} par R. C'est donc une régression des moindres carrés pondérés. Le modèle linéaire sousjacent est le modèle (M)

$$Y^* = X^*\gamma + \epsilon^*$$

à résidus ϵ^*, non gaussiens. L'estimateur $\hat{\theta}$ de θ est un estimateur des moindres carrés généralisés (MCG). On cherche à construire un autre modèle à résidus gaussiens, ou encore modèle des moindres carrés ordinaires (MCO). Pour cela, on définit la transformation $(\tilde{M}) \equiv \Omega^{-1/2}$ (M), ce qui permet d'obtenir

- $\tilde{Y}^* = \Omega^{-1/2} Y$
- $\tilde{X}^* = \Omega^{-1/2} X^*$
- $\tilde{\epsilon}^* = \Omega^{-1/2} \epsilon^*$

pour le modèle $(\tilde{M})$:

$$\tilde{Y}^* = \tilde{X}^*\gamma + \tilde{\epsilon}^*,$$

modèle à résidus gaussiens pour lequel l'estimateur des moindres carrés pour θ est connu. Ainsi

$$\hat{\theta}_{MCG(M)} = \hat{\theta}_{MCO(\tilde{M})} = (\tilde{X}^{*t}\tilde{X}^{*t})^{-1}\tilde{X}^{*t}\tilde{Y}^* = (X^{*t}\Omega^{-1}X^{*t})^{-1}X^{*t}\Omega^{-1}Y^*.$$

Et finalement, les estimateurs du maximum de vraisemblance sont obtenus en résolvant itérativement l'équation

$$\hat{\theta} = \left(X^{*t}\Omega^{-1}X^*\right)^{-1} X^{*t}\Omega^{-1}Y^*. \qquad (2.9)$$

La matrice de variance covariance des θ est ensuite donnée par

$$cov(\hat{\theta}) = \left(X^{*t}\Omega^{-1}X^*\right)^{-1}. \qquad (2.10)$$

La méthode IGLS est une méthode proposée par Goldstein (1991, 1995), pour une extension du modèle logistique multi-niveaux pour données binaires au cas des données ordinales.

Approche GEE

Le cadre reste celui de IGLS. Seule la matrice de corrélation va changer. Lipsitz, Kim and Zhao (1994) ont suggéré d'estimer γ avec un ensemble d'équations d'estimation généralisées :

$$\sum_{i=1}^{N} D_i^T \Omega_i^{-1} (Y_i - Q_i) = 0$$

où $D_i = dQ_i/d\gamma = \dfrac{dQ_i}{d\lambda_i} X_i^*$; $\dfrac{dQ_i}{d\lambda_i} = Q_i(1 - Q_i)$; $\Omega_i = R_i^{1/2} C_i(\alpha) R_i^{1/2}$ où R_i est la matrice diagonale dont les éléments sont donnés par $dQ_i/d\lambda_i$.

Dans l'approche GEE, les Y_{eik} sont traitées comme des variables aléatoires binaires, $C(\alpha)$ devient une matrice identité. Les estimateurs de $\hat{\theta}$ sont obtenus en résolvant itérativement l'équation (2.9), comme dans le cas de la méthode IGLS, mais où $\hat{\Omega}$ est remplacé par $\hat{R}$, pour lequel les éléments sont donnés par $\hat{Q}_{eik}(1 - \hat{Q}_{eik})$. La matrice de variance covariance des θ est alors

$$cov(\hat{\gamma}) = \left(X^t R^{-1} X\right)^{-1} X^t \Omega X \left(X^t R X\right)^{-1} \qquad (2.11)$$

habituellement appelée estimateur "Sandwich" de la variance. Les estimateurs $\hat{Q}_{eik}$ de Q_{eik} sont obtenus par régression logistique, ils sont ensuite substitués dans l'équation (2.11) pour obtenir la matrice de variance covariance estimée. Cette approche est identique à la méthode de Fisher utilisée en régression logistique dans le cas des réponses binaires indépendantes. Lorsque la réponse ordinale est répétée de façon longitudinale, cette définition conduit aux données corrélées ou données clustérisées.

Pour l'analyse d'un facteur réponse ordonné, le logiciel R offre une possibilité via la fonction polr (*proportional odds logistic regression*, Agresti, 2002) de la librairie MASS. Cette fonction prend en entrée des données groupée par centre, par essais, ou par étude comme celles de la table 4.1.

Pour l'analyse de données catégorielles répétées, deux approches sont couramment utilisées : une approche de *population* conduisant à une extension du modèle GEE et une approche dans laquelle l'effet aléatoire sujet est pris en compte. Pour le cas d'un modèle dit de *population*, plusieurs techniques d'inférences prenant en compte la corrélation entre les réponses d'un sujet ont été proposées. Elle se retrouvent dans des librairies du logiciel R. Nous en citons quelques unes : une fonction récente est la fonction *repolr* de la librairie *repolr* (Parson, 2009) qui permet d'analyser des réponses ordinales répétées à partir de structures de corrélation telles que : indépendance, uniforme, autorégressive d'ordre 1 (AR 1). Cette fonction offre la possibilité de tester l'hypothèse de côtes proportionnelles. Un autre outil est la fonction *ordgee* de la librairie *geepack* (Halekoh and Højsgaard, 2006). Contrairement à *repolr*, la fonction *ordgee* ne permet pas d'utiliser une structure de corrélation AR 1. A côté de ces librairies s'ajoute la librairie *drm* (Ekholm et al., 2003 ; Jokinen, 2006) qui fait une approche basée sur la vraisemblance pour l'analyse de données ordinales clustérisées. D'autres fonctions de la librairie *mprobit* sont disponibles. Le logiciel SAS offre aussi des moyens d'estimation via les procédures LOGISTIC, GenMOd.

Dans le modèle à effets aléatoires sujets, la corrélation entre les réponses d'un sujet est traduite au moyen des effets aléatoires.

2.2.5   Modèle à effets mixtes et méthodes d'estimation

Le modèle mixte considère la variable latente L_{eij} du sujet i de l'étude e à l'instant j, comme un modèle linéaire mixte

$$L_{eij} = x_{ij}\beta + z_{ij}u_i + \epsilon_{eij}$$

où x_{ij} et z_{ij} sont des vecteurs de covariables correspondant aux effets fixes β et effets aléatoires u_i, respectivement. Les effets aléatoires u_i sont supposés identiquement distribués suivant une loi normale $\mathcal{N}(0, G)$ où G est la matrice de variance covariance. Les résidus ϵ_{eij} sont supposés indépendants et normalement distribués tels que $\epsilon_{eij} \sim \mathcal{N}(0, \sigma^2_{eij})$.

Sous ces hypothèses, conditionnellement aux effets aléatoires, la probabilité de réponse dans la catégorie k est donnée par :

$$\pi_{eijk} = F\left(\frac{\alpha_k - \mu_{ij}}{\sigma_{eij}}\right) - F\left(\frac{\alpha_{k-1} - \mu_{ij}}{\sigma_{eij}}\right),$$

où $\mu_{ij} = x_{ij}\beta + z_{ij}u_i$.

Dans la plupart des cas, la variance des résidus σ^2_{eij} est supposée constante et égale à 1 et correspond au modèle homoscédastique. Une autre façon de faire est de modéliser l'hétérogénéité de la variance des résidus comme une combinaison linéaire de variables explicatives. Pour cela, Foulley et al (2010) [30] ont proposé d'utiliser un modèle mixte sur le logarithme de la variance (ou de façon équivalente sur l'écart-type) résiduelle σ^2_{eij}

$$\log \sigma^2_{eij} = p_{ij}\delta + q_{ij}v_i,$$

où p_{ij} et q_{ij} sont les covariables associées à l'effet fixe δ et aux effets aléatoires $v_i \sim \mathcal{N}(0, \Lambda)$, respectivement.

Supposons $\Theta = (\beta, \delta, G, \Lambda, \alpha_1, ..., \alpha_{K-1})$ le vecteur des paramètres du modèle mixte. Conditionnellement aux effets aléatoires u_i et v_i, et en supposant une indépendance entre les réponses au cours du temps conditionnellement à u_i et v_i (indépendance des résidus), la probabilité d'observer les O_{ei} réponses Z_{ei} de l'individu i de l'étude e est :

$$\ell(Z_{ei}|u_i, v_i) = \prod_{t=1}^{O_{ei}} \prod_{k=1}^{K} \pi_{eitk}^{w_{eitk}}.$$

Pour les N_e sujets de l'étude e, en supposant les réponses indépendantes d'un sujet à l'autre, on a :

$$\ell(Z_e|u_i, v_i) = \prod_{i=1}^{N_e} \prod_{t=1}^{O_{ei}} \prod_{k=1}^{K} \pi_{eitk}^{w_{eitk}}.$$

Alors la vraisemblance marginale h des réponses des sujets appartenant à l'étude e est obtenue en intégrant la vraisemblance des N_e sujets pondérée par les distributions des effets aléatoires (la vraisemblance des données complètes $\ell(Z_e|u_i, v_i)f(u)g(v)$) :

$$h(Z_e) = \int \int \ell(Z_e|u_i, v_i)f(u)g(v)dudv.$$

Pour les $E = 5$ études, en supposant une indépendance entre elles, la vraisemblance totale s'écrit alors

$$\log L(P; z) = \sum_{e=1}^{E} \log h_M(Z_e). \tag{2.12}$$

Entre les réponses d'un même sujet, l'hypothèse d'indépendance dans les études longitudinales est souvent très forte, ce qui pousse à l'utilisation de structures de corrélation adaptées aux données. Dans ce cas, la vraisemblance ne peut pas être écrite explicitement. Cependant, l'inclusion des effets aléatoires dans le prédicteur linéaire permet de modéliser cette corrélation. Une autre façon de faire est de modéliser directement la structure de corrélation entre les données, laquelle est souvent difficile à déterminer. Pour une étude dans laquelle les patients sont randomisés et suivis de façon répétée au cours du temps, les effets sujets sont modélisés en incluant un " intercept" aléatoire.

Méthodes d'estimation et logiciels

Dans les modèles mixtes, la corrélation entre observations d'un même sujet est prise en compte au moyen des effets aléatoires. La procédure d'estimation est basée sur une analyse du maximum de la log-vraisemblance marginale. Le plus souvent, des problèmes d'intégration surviennent, en particulier lorsque la fonction à intégrer est non-linéaire. Les solutions à ces problèmes d'intégration sont des méthodes basées sur une approximation d'intégrale, et des méthodes basées sur la linéarisation.

Les méthodes d'approximation permettent d'approcher la fonction de log-vraisemblance du modèle GLMM et ensuite, de l'optimiser. Ces méthodes fournissent une fonction objective à optimiser. En revanche certaines d'entre elles n'incorporent pas un grand nombre d'effets aléatoires. Un moyen d'approximation possible est la quadrature de Gauss-Hermite (Evans and Swartz, 2000) qui permet d'intégrer la loi jointe suivant la distribution des effets aléatoires. Elle est connue comme étant une méthode très flexible, mais demande de longs temps de calculs, la durée pouvant dépendre du nombre d'effets aléatoires. Cette technique est implémentée dans le logiciel R via la fonction glmmML (Brostrom, 2003) qui ajuste un modèle GLMM avec " intercept" aléatoire. Une autre approche basée sur une approximation implique l'utilisation des vraisemblances pénalisées (PQL, *penalized quasi-likelihood* ; Breslow and Clayton, 1993 ; Greenland, 1997). Le logiciel R offre encore la possibilité d'obtenir des estimateurs PQL au moyen de la fonction glmmPQL de la librairie MASS. Cette méthode serait à l'origine de biais important sur la composante variance de l'effet aléatoire, en particulier pour les données binaires (Breslow and Lin, 1995 ; Rodríguez and Goldman, 1995 ; Raudenbush et al., 2000). Il existe cependant des extensions autour de cette méthode permettant de corriger le biais [41].

Quant aux méthodes de linéarisation, elles emploient des développements de Taylor à l'ordre 1 ou 2, pour approcher le modèle par un nouveau modèle basé sur des pseudo-données. Cette approche est implémentée dans le logiciel SAS avec la procédure GLIMMIX, qui étend le modèle généralisé en incluant des effets aléatoires à plusieurs niveaux de hiérarchie possibles. La technique d'estimation est connue sous le nom de pseudo-vraisemblance restreinte (RSPL : restricted pseudo-likelihood) (Wolfinger and O'Connell, 1993). Cette méthode est avantageuse dans le sens où elle permet d'avoir un modèle sous une forme simple qui puisse être facile à ajuster. Contrairement aux méthodes d'approximation, les méthodes de linéarisation supportent un grand nombre d'effets aléatoires et un très grand nombre de sujets. Le seul inconvénient est l'absence d'une fonction de vraisemblance pour tout le processus d'optimisation, et potentiellement des estimations biaisées de la matrice de variance-covariance des paramètres. La méthode PQL en fait partie.

Lorsque les intégrales ne peuvent pas être obtenues de façon explicite, une autre approche est la méthode de simulation Monte Carlo par Chaîne de Markov dans le paradigme Bayésien (Clayton (1996) ; Gamerman, 1997b ; Robert and Casella, 1999). La formulation diffère de celle de l'approche fréquentiste classique. A chaque paramètre du modèle considéré comme aléatoire, on affecte une distribution *a priori* (*prior distribution*). Ensuite, conditionnellement aux données observées, on estime la distribution *a posteriori* des paramètres. Pour cela, l'algorithme du Gibbs Sampling fournit un moyen d'avoir les lois *a posteriori*. L'idée de base de cet algorithme est le suivant : au lieu d'intégrer la distribution jointe des paramètres, l'algorithme établit une séquence de distributions conditionnelles univariées, les paramètres aléatoires étant fixés à l'exception d'un seul. L'approche bayésienne est aussi une approche très souple, en particulier lorsqu'on travaille sous le logiciel WinBUGS. La principale difficulté demeure dans la formulation des lois a priori pour tous paramètres inconnus.

Implication des données manquantes sur les méthodes d'estimation

Sous l'hypothèse de MCAR, les méthodes telles que le maximum de vraisemblance (MV), les moindres carrés généralisés et les méthodes GEE (generalized estimating equation, Liang et Zeger, 1994), peuvent être utilisées pour les inférences statistiques. Dans le cas MAR, les conditions d'utilisation du modèle marginal GEE ne sont pas respectées. Ce qui pousse dans la plus part des cas à l'utilisation des modèles à effets mixtes. Le modèle GEE appartient à la classe des modèles marginaux. Le modèle marginal, encore appelé modèle de population, suppose que la relation entre le vecteur des réponses et la matrice des covariables, est la même pour tous les sujets. Il met en relation les covariables directement avec la probabilité marginale de la réponse. Par probabilité marginale, on entend la réponse moyenne de la sous population qui présente des valeurs communes pour les covariables du modèle. Le modèle mixte (ou modèle à effets aléatoires) prend explicitement en compte la variabilité entre individus d'un centre donné ou la variabilité entre centres. Il faut noter que ces deux modèles prennent en compte de manière différente la dépendance entre les observations d'un même sujet. Le modèle marginal modélise séparément la corrélation intra-sujet des réponses et la régression sur les variables explicatives tandis que dans le modèle à effets aléatoires, cette corrélation est prise en compte au moyen des effets aléatoires individuels et elle est modélisée conjointement avec les variables explicatives.

2.3 Simulation de données catégorielles

Dans cette section, nous nous sommes proposés de simuler des données catégorielles. L'intérêt de cette simulation réside dans la possibilité d'évaluer les performances d'une nouvelle méthode d'analyse des données avant son application sur données réelles. Le plus souvent, selon le type de réponse souhaitée, on peut être confronté à la difficulté du choix de la méthode de simulation.

2.3.1 Simulation de données catégorielles à temps unique

Des travaux avaient déjà été faits par Harell [42] sur la façon de simuler des données catégorielles en analyse univariée. Pour atteindre cet objectif, nous avons considéré 3 centres, 3 traitements testés dans les 3 centres et un total de $N = 450$ sujets, soit 150 par centre et 50 par groupe de traitement. Nous avons supposé que les sujets étaient évalués une seule fois suivant un critère à $K = 4$ classes en fin de suivi. Pour les effets traitements, nous avons supposé qu'ils variaient d'un centre à l'autre autour d'un effet commun avec un faible écart-type entre centres. Nous avons fixé un traitement comme traitement de référence. Le modèle considéré était un modèle logistique ordinal mixte qui considère 2 variables indicatrices pour le traitement

$$\lambda_{eik} = logit(Q_{eik}) = \alpha_k + (\gamma_1 + \delta_{1e})T_{1ei} + (\gamma_2 + \delta_{2e}) * T_{2ei},$$

où $\delta_{1e} \sim \mathcal{N}(0, \sigma_1^2)$ et $\delta_{2e} \sim \mathcal{N}(0, \sigma_2^2)$, $e = 1, 2, 3$. Les valeurs des paramètres d'entrée étaient : $\alpha_1 = -2$, $\alpha_2 = -1$, $\alpha_3 = 0$ pour les "intercepts" ; $\gamma_1 = -1$ et $\gamma_2 = 1$ les effets moyens du traitement ; $\sigma_1 = 0.01$ représentant l'écart entre centres pour le traitement T_1 par rapport à la référence, et σ_2 l'écart entre centres pour l'effet traitement T_2 par rapport au traitement de référence.

A partir de ces valeurs des paramètres, nous avons calculé le vecteur de probabilités cumulées Q à $K - 1 = 3$ éléments, pour tous les sujets et pour tous les centres. Nous avons ensuite formé à partir de Q, la matrice Π de dimension $N \times K$ de probabilités d'appartenance à chaque catégorie. Ensuite, pour chaque ligne de la matrice $\pi = (\pi_{eik})$, nous avons à nouveau calculé les probabilités cumulées Q_{eik} partant de 0 à 1 ($k = 1, 2, 3$), qui correspondent au vecteur de probabilités cumulées $(0, Q_{ei1}, Q_{ei2}, Q_{ei3}, 1)$ pour le sujet i, $i = 1, 2, ..., N_e$. Pour déterminer la catégorie de réponse de ce sujet, nous avons tiré une valeur suivant une loi uniforme sur $[0, 1]$ et nous lui avons attribué comme catégorie de réponse, le rang du quartile dans lequel elle se trouvaient.

2.3.2 Simulation de données catégorielles répétées

Nous nous sommes proposés de mettre à la disposition des futures recherches un échantillon de données simulées où le critère d'évaluation est répété et catégoriel. Ceci permettra la comparaison des différents modèles avant application sur données réelles. A l'exemple des données J28, nous avons généré une réponse catégorielle à 3 catégories (0, 1, 2), et nous avons considéré T=3 instants de visites. La méthode de simulation est celle décrite par Choi [43] qui est une extension de celle proposée par Gange [44], et basée sur l'algorithme IPF (*iterative proportional fitting*) de Deming et Stephan (1975). Le but est de générer une distribution jointe des réponses pour les 3 temps de visites à partir d'une structure de corrélation.

Dans l'ensemble, nous avons considéré 3 variables catégorielles Z_1, Z_2, Z_3 ayant K_1, K_2, K_3 catégories, respectivement. Nous notons par

$$p_{i++} = Pr(Z_1 = c_i),\ i = 1, ..., K_1$$

$$p_{+j+} = Pr(Z_2 = c_j),\ j = 1, ..., K_2$$

$$p_{++k} = Pr(Z_3 = c_k),\ k = 1, ..., K_3$$

les probabilités marginales correspondantes au jours 1, 2 et 3, respectivement. Si les variables sont indépendantes, la distribution jointe est donnée par :

$$p_{ijk} = p_{i++}p_{+j+}p_{++k}$$

Cependant, les données longitudinales sont en général corrélées et on peut avoir plusieurs structures de corrélation. Ceci revient souvent à identifier des corrélations 2 à 2, raison pour laquelle les prochaines étapes nécessitent la connaissance des probabilités jointes 2 à 2 p_{ij+}, p_{i+k}, p_{+jk}, ou encore appelées distributions jointes à 2 dimensions.

Construction d'une distribution à 2 dimensions

Pour tester l'association entre 2 variables catégorielles Z_1 et Z_2, la statistique du χ^2 est souvent utilisée et donnée par :

$$\Phi^2 = \sum_{i=1}^{K_1} \sum_{j=1}^{K_2} \frac{(p_{ij} - p_{i+}p_{+j})^2}{p_{i+}p_{+j}}.$$

Si les variables sont indépendantes, alors $\Phi^2 = 0$ et correspond à une distribution jointe notée P_{IND}. On note P_{MAX} la distribution jointe ayant $\Phi^2 = \Phi^2_{MAX}$ comme mesure d'associations. Φ^2_{MAX} étant la corrélation maximale qu'il peut y avoir entre les 2 variables.

On suppose qu'on veut construire une table jointe soumise aux contraintes marginales p_{i+} et p_{+j} avec un degré d'association $\Phi^2_0 < \Phi^2_{MAX}$. Cette distribution jointe est donnée par la formule de Lee (1997) :

$$P(\lambda) = \lambda P_{IND} + (1 - \lambda)P_{MAX}, \tag{2.13}$$

où $0 \leq \lambda \leq 1$ est un paramètres que l'on cherche à estimer. Φ^2 correspond à la mesure d'association de la distribution $P(\lambda)$ et est une fonction continue de λ. Il est possible de trouver un λ_0 pour lequel l'association de $P(\lambda_0)$ est égale à Φ_0^2. C'est une résolution par dichotomie sur l'intervalle $[0,1]$ pour laquelle nous avons utilisé la fonction *uniroot* du logiciel R qui permet de résoudre une équation f(x)=0 sachant que ses solutions sont comprises dans un intervalle donné. Quant à la distribution maximale correspondant à Φ_{MAX}^2, il est recommandé d'utiliser l'algorithme Greedy présenté par Kalantari et al (1993) dont la description a été faite par Choi [43] en dimension 3.

Souvent, il peut arriver que la structure de corrélation soit telle qu'une variable est indépendante des 2 autres (indépendance jointe), ou que étant donnée la 3ème variable, les 2 premières sont indépendantes (indépendance conditionnelle). Nous nous sommes placés dans le cas où il n'existe aucune relation pour l'association partielle entre les variables. Pour ce cas, une des méthodes largement utilisée est l'algorithme IPF, lorsqu'il n'y a aucune forme de corrélation partielle connue, ou encore lorsque la structure de corrélation est très forte.

Algorithme IPF

Le but principal de cet algorithme est de founir une estimation des cellules d'une table de contingence soumise à des contraintes marginales. Il trouve beaucoup d'application en sciences sociales, en économie. Nous reprenons l'exemple des 3 variables catégorielles. Les cellules du tableau à estimer sont au nombre de $J = K_1 \times K_2 \times K_3$. A l'itération t, l'algorithme comporte 3 étapes, qui sont les calculs des quantités suivantes :

1. $p_{ijk}^{3r} = p_{ijk}^{3r-1} \dfrac{p_{ij+}}{p_{ij+}^{(3r-1)}}$, pour tout i, j, k

2. $p_{ijk}^{3r-1} = p_{ijk}^{3r-2} \dfrac{p_{i+k}}{p_{i+k}^{(3r-2)}}$, pour tout i, j, k

3. $p_{ijk}^{3r-2} = p_{ijk}^{3r-3} \dfrac{p_{+jk}}{p_{+jk}^{(3r-3)}}$, pour tout i, j, k

Ces étapes d'itérations sont répétées jusqu'à ce que $\left| p_{ijk}^{3t} - p_{ijk}^{3r-3} \right| < \delta$. Nous avons choisi de stopper les itérations lorsque la somme des lignes/colonnes divisée par le total marginal donne 1.

Algorithme d'inversion

Etant données les distributions jointes, l'attribution des séries de réponse (cluster de réponse) aux individus se fait de façon aléatoire suivant les étapes proposées par Devroye (1986) et Lee (1993) :

– Etape 0 : ordonner les J éléments de la distribution jointe dans l'ordre décroissant et considérer le $p_l$ième élement, $l = 1, .., J - 1$

– Etape 1 : Définir $z_0, z_1, z_2, ..., z_J$ par

$$z_0 = 0$$
$$z_l = z_{l-1} + p_l, \, l = 1, ..., J - 1$$
$$z_J = 1$$

– Etape 2 : générer une variable aléatoire U sur $[0,1]$

– Etape 3 : renvoyer le $l$ième cluster de réponse correspondant à p_l où $z_l \leq U < z_{l+1}$

Etapes de simulation

Nous résumons dans cette sous-section les étapes de la simulation.

1. Spécifier le nombre de catégories de réponse $K = 3$

2. Spécifier le nombre d'observations pour chaque sujet $(T = 3)$ correspondant au nombre de visite dans une étude longitudinale

3. Spécifier le vecteur de probabilités à K éléments, pour chaque catégorie, à chaque temps de visite : p_1 pour le temps $T = 1$, p_2 pour le temps $T = 2$, p_3 pour le temps $T = 3$.

4. Spécifier les corrélations 2 à 2 (degré d'association entre 2 visites) des réponses au cours du temps Φ_{12}, Φ_{13} et Φ_{23}.

5. Obtenir les distributions jointes 2 à 2 à partir de l'algorithme Greedy qui calcule Φ_{MAX}, de la valeur de λ_0 donnée par la résolution de l'équation (2.13)=0.

6. Initialiser la table de la distribution jointe à 1 c'est-à-dire que toutes les cellules de la table à 3 lignes 9 colonnes contiennent 1.

7. Spécifier l'association entre les 3 réponses au cours du temps. Celles-ci peuvent être indépendantes, ou avoir une structure d'indépendance jointe, ou d'indépendence conditionnelle.

8. Utiliser l'algorithme IFP au cas où l'association n'a pas de forme particulière pour estimer les valeurs de la table jointe.

9. Enfin, générer les clusters de réponses en utilisant l'algorithme d'inversion.

Ces étapes ont été implémentées sous le logiciel R.

Exemple de simulation

Dans un souci de pédagogie, nous illustrons les étapes de l'algorithme de simulation. Nous considérons le cas où $K = 3$ et $T = 3$. Les informations de début ont été extraites de Gange (1993). Les probabilités marginales étaient :

$$P_1 = (0.48, 0.23, 0.29)\,;\ P_2 = (0.55, 0.22, 0.23)\,;\ P_3 = (0.37, 0.24, 0.38),$$

avec comme mesures d'association, $\phi_{12} = 0.3$, $\phi_{13} = 0.0125$, $\phi_{23} = 0.35$ traduisant les corrélations 2 à 2 entre les réponses au cours du temps. La corrélation globale attendue entre les réponses était de $\Phi_0^2 = 0.166$.

La distribution jointe à estimer est un ensemble de 27 élements auxquels une probabilité doit être attribuée représentant la probabilité d'avoir observé la série de réponses correspondante. Il s'agit de la Table 2.1 dont les contraintes marginales doivent être P_1, P_2 et P_3. Le but est d'estimer les cellules de la table, chaque cellule correspond à la probabilité d'observer une série de réponses donnée.

0	p_{000}	p_{001}	p_{002}	p_{010}	p_{011}	p_{012}	p_{020}	p_{021}	p_{022}
1	p_{100}	p_{101}	p_{102}	p_{110}	p_{111}	p_{112}	p_{120}	p_{121}	p_{122}
2	p_{200}	p_{201}	p_{202}	p_{210}	p_{211}	p_{212}	p_{220}	p_{221}	p_{222}

Table 2.1: Combinaisons possibles utilisant 3 catégories de réponse identiques à 3 temps de visites. Distributions jointes.

La table correspondant au cas d'indépendance entre les réponses, et au cas d'une corrélation maximale est la table 2.2.

Après application des différentes étapes de simulation, nous avons trouvé les probabilités correspondantes aux séries de réponses du tableau 2.3. Ce tableau présente les combinaisons possibles de réponse et leur probabilité d'apparition.

P_{IND}		$\Phi_0^2 = 0$	P_{MAX}	Φ_{MAX}^2 = 1.66	
0.025	0.025	0.050	0.00	0.00	0.10
0.050	0.050	0.100	0.20	0.00	0.00
0.075	0.075	0.150	0.05	0.25	0.00
0.100	0.100	0.200	0.00	0.00	0.40

Table 2.2: Matrices PIND et PMAX.

C'est la table pour laquelle la corrélation entre les réponse au cours du temps vaut $\Phi_0^2 = 0.166$. Ces résultats ont été obtenus au bout de 3 itérations de l'algorithme IPF.

P_0^*	p_0	P_1^*	p_1	P_2^*	p_2	Total
0 0 0	0.209	1 0 0	0.007	2 0 0	0.008	0.224
0 0 1	0.059	1 0 1	0.015	2 0 1	0.004	0.078
0 0 2	0.047	1 0 2	0.008	2 0 2	0.020	0.075
0 1 0	0.105	1 1 0	0.016	2 1 0	0.005	0.126
0 1 1	0.030	1 1 1	0.031	2 1 1	0.003	0.064
0 1 2	0.023	1 1 2	0.018	2 1 2	0.013	0.054
0 2 0	0.051	1 2 0	0.030	2 2 0	0.043	0.124
0 2 1	0.014	1 2 1	0.059	2 2 1	0.022	0.095
0 2 2	0.011	1 2 2	0.034	2 2 2	0.113	0.158
Total	0.549		0.218		0.231	1

Table 2.3: Distributions jointes p_k ($k = 0, 1, 2$) simulées dans le cas de 3 catégories et 3 temps de visites. La somme de ces probabilités vérifie les contraintes marginales P_1, P_2 et P_3. P_k^* est la série de réponse formée à partir de la catégorie k.

Ensuite, nous avons considéré $n = 300$ sujets assignés aléatoirement à 2 groupes de traitement A et B, à qui nous avons attribué de façon aléatoire les séries de réponses grâce à l'agorithme d'inversion. Le tableau 2.4 présente les statistiques de réponse à chaque jour de visite.

Traitement	Réponse	$T = 1$	Temps $T = 2$	$T = 3$
A	0	26	25	29
		(17.2%)	(16.5%)	(20%)
	1	22	32	25
		(14.5%)	(21.2%)	(16.7%)
	2	103	94	97
		(68.2%)	(62.2%)	(64.2%)
	Total	151	151	151
B	0	33	32	25
		(22.1%)	(21.4%)	(16.7%)
	1	25	32	28
		(16.7%)	(21.4%)	(18.7%)
	2	91	85	96
		(61%)	(57%)	(64.4%)
	Total	149	149	149

Table 2.4: Exemple de données catégorielles répétées simulées pour 2 traitements. Effectifs pour le première ligne et % entre parenthèses sur la 2e ligne.

Conclusion

L'exemple simulé correspond au cas où les probabilités marginales sont disponibles, et les mesures d'association connues. En pratique, ces probabilités peuvent dépendre de plusieurs paramètres comme : le type de traitement, l'âge du patient, sa région d'origine, et bien d'autres caractéristiques individuelles. Le plus souvent, certaines catégories ne sont pas observées donnant lieu à des zéros d'échantillonnage. De plus, les données manquantes sont présentes faisant diminuer la taille des groupes au cours du temps, ce qui pousse à l'utilisation d'un modèle auto-régressif d'ordre 1. Une autre possibilité de simulation serait la simulation à partir d'une table de contingence décrivant une situation où certaines classes ne sont pas représentées.

La simulation a été faite en dimension 3, et il est possible de l'étendre à une dimension supérieure.

2.4 Prise en compte des données manquantes

Pour prendre en compte le caractère répété du critère d'évaluation dans les essais J28, nous nous sommes intéressés aux techniques d'imputation des données manquantes.

Dans les différents essais, nous avons observé un nombre relativement peu important de données manquantes. Dans la mesure où le critère principal d'évaluation dépend étroitement de la température corporelle et de la parasitémie, nous présentons dans le tableau 2.5 les données manquantes concernant ces deux variables aux différents temps de visite 1,2,3,7,14, 21 et 28.

	J0	J1	J2	Jours de visite J3	J7	J14	J21	J28
Tempé- rature	0	19 (2.4%)	30 (3.8%)	33 (4.2%)	44 (5.5%)	49 (6.2%)	226 (28.4%)	104 (13.1%)
Densité parasitaire	0	-	30 (3.8%)	33 (4.2%)	44 (5.5%)	49 (6.2%)	226 (28.4%)	104 (13.1%)

Table 2.5: Pourcentage de données manquantes sur la température et la densité parasitaire. Pourcentage calculé au Jour 28 sur le nombre d'inclus.

2.4.1 Méthodes d'imputation explorées

Le but est d'imputer les valeurs manquantes à la fois sur les covariables et les réponses aux jours 14, 21 et 28. Ainsi, nous nous sommes proposés de compléter la base de données, dans le cas particulier des essais J28. Le but visé était une analyse en intention de traiter.

En cas d'absence du critère principal, nous avons considéré que nous pouvions le prédire à partir des seules données à chaque visite de température corporelle et de parasitémie selon le schéma suivant

La catégorie d'échec thérapeutique précoce n'est pas représentée ici car seules les données au delà de J14 ont été considérées dans les applications.

41

		Parasitémie	
		< Seuil	≥ Seuil
Température	< 38°C	RCPA	EPT
	≥ 38°C	RCPA	ECT

Méthode 1 : La première idée est d'essayer d'imputer globalement le critère principal et les covariables d'intérêt température corporelle et parasitémie. Il existe des méthodes permettant d'imputer des données manquantes à partir d'un ensemble de valeurs prises par des variables à la fois continues et catégorielles (échantillon mixte) [45]. Ce sont les méthodes d'augmentation de données (*Data Augmentation*, Tannet et Wong, 1987) qui reposent sur des algorithmes de type MCMC. Elles permettent de générer des tirages a posteriori sous un modèle donné (*General location model*) à partir des données initiales incomplètes. Il s'agit d'algorithmes itératifs, où, à chaque étape, la donnée manquante est imputée sous le jeu de paramètres courants de la distribution, permettant à partir du jeu de données complet ainsi formé d'en déduire une distribution *a posteriori* des paramètres, permettant un tirage d'un nouveau jeu de paramètres et ainsi de suite jusqu'à stabilisation de la distribution. Une telle méthode est implémentée sous R dans le package *mix* avec la fonction *imp.mix()*. L'application de cette fonction devient délicate lorsqu'*a priori* certaines catégories ne sont pas représentées dans les données initiales.

Méthode 2 :

Etape 1 : imputation des données manquantes des seules données de température corporelle aux différents temps de visite

Etape 2 : la parasitémie est alors considérée comme une variable binaire présence/ absence. Une régression de la variable parasitémie sur la variable température à l'aide d'un modèle linéaire généralisé permet alors d'imputer une valeur de parasitémie

Généralisation : Cette deuxième méthode peut être étendue à des variables catégorielles et/ou continues (Van, 2006 [46] ; Van, 2007 [47]), généralisant l'approche de [45]. Elle est implémentée dans le package *mice* de R. Elle utilise l'échantillonneur de Gibbs.

2.4.2   Application à l'analyse des protocoles J28

Du fait de particularités du jeu de données (grandes fréquences des séquences (RCPA, RCPA, RCPA) aux temps (J14, J21, J28), absence de représentation de certaines catégories, difficulté de travailler avec la variable parasitémie comme variable continue tronquée du fait de l'existence d'un seuil de détection, la première méthode ne permettait de n'imputer que les températures corporelles. C'est donc la deuxième méthode qui a été utilisée pour imputer dans un premier temps les données de température corporelle manquantes, puis dans un second temps, à partir des données de température corporelle, les données de parasitémie sous forme binaire.

Les deux analyses menées :

Analyse *per protocol*

Une première analyse des données des protocoles J28 est partie du groupe de sujets évalués à J14, en éliminant les perdus de vue et les exclus avant J14. Elle portait sur 795 sujets. L'analyse *per protocol* correspond ici aux seuls sujets évalués complètement à J21 et J28, soit un total de (795-49) = 746 sujets analysés. Nous avons fait l'hypothèse que les catégories manquantes après J14 étaient liées à leurs paramètres cliniques et biologiques antérieurs. A chaque jour de visite, la densité parasitaire était séparée en deux groupes : 1 pour > 16 et 2 pour ≤ 16.

Analyse en intention de traiter

Chez les 795 sujets, le critère d'évaluation était manquant à J21 et J28 pour 49 sujets (6.2%). Nous nous sommes proposés d'imputer ces données manquantes de façon à réaliser une analyse sur tous les sujets en fonction du groupe de traitement où ils avaient été alloués. En considérant que le critère de jugement était une fonction directe de la température et de la parasitémie, nous avons imputé les valeurs manquantes de ces deux paramètres, pour en déduire secondairement le critère de jugement aux dates de visite concernées. Cette imputation s'est faite en deux étapes :

- Etape 1 : imputation de la température corporelle
- Etape 2 : imputation de la parasitémie (présente/ absente) au moment de la visite concernée conditionnellement à la connaissance de la température corporelle à cette même visite.
- Cas particulier pour l'essai de l'année 2005 : les sujets étaient invités à revenir au centre de santé à J21 s'ils se sentaient mal la veille. En fait, peu de sujets sont revenus au centre et ont été évalués comme échec à J21, alors qu'en fait la plupart des sujets qui ne s'étaient pas présentés au centre à J21 ont été évalués RCPA à J28. Parmi les sujets vus à J21, 6 ont été évalués comme des échecs. Dans cet essai, chez tous les sujets dont le critère d'évaluation était manquant à J21, il a été décidé d'attribuer la catégorie RCPA à J21 chez ceux pour lesquels l'évaluation à J28 était RCPA, quelles que soient les valeurs de température corporelle et parasitémie.

Cette procédure a permis d'obtenir des jeux de données complets avec le critère d'évaluation présent aux différentes dates de visite pour tous les sujets. L'imputation n'a concerné que les données non- corrigées PCR.

L'application des méthodes décrites dans le présent chapitre se fera dans des chapitres séparés.

Chapitre 3

Analyses selon un critère binaire

Dans ce chapitre, nous avons comparé l'efficacité des combinaisons à base d'artémisinine contre toutes celles ne contenant pas d'artémisine. Ensuite, nous avons étudié l'influence de certaines covariables sur le statut de guérison complète.

Les résultats de ce chapitre ont donné lieu à un article publié dans *Malaria J* joint à la fin de ce chapitre.

3.1 Analyse selon l'OMS

Le but principal des essais *in vivo* des antipaludiques, est de fournir une estimation précise du risque d'échec/succès aux antipaludiques. Plusieurs méthodes sont classiquement utilisées. L'approche standard consiste à calculer les proportions de réinfectés ou les proportions de patients avec recrudescence de la parasitémie, et ensuite d'utiliser le risque relatif (RR) ou le rapport de côtes (OR : odds ratio) comme critère de comparaison entre bras de traitement, ou encore modéliser la probabilité de succès au moyen d'une régression logistiques Parmi les méthodes classiques, il a été rapporté que l'analyse de survie était le meilleur moyen d'évaluer les ACTs en termes d'échec avec récurrence de la parasitémie au jour où l'échec est survenu [48].

Dans son protocole 2003, l'OMS propose pour l'analyse des données du paludisme, l'analyse des courbes de survie par les courbes de Kaplan-Meier (Kaplan et Meier, 1958). Celle-ci permet, en théorie, d'estimer la durée moyenne qui s'écoule avant l'enregistrement d'un échec et le calcul d'une estimation des taux d'échecs totaux ou RCPA. Un médicament est jugé inefficace lorsque la proportion de RCPA est inférieure ou égale à 75% à la date finale de point. Dans ce chapitre, nous avons choisi d'illustrer ces méthodes en soulignant leurs limites.

Les figures 3.1 et 3.2 présentent les proportions observées de RCPA dans les essais J14 et J28, respectivement. Ces proportions ont été calculées à partir du nombre de RCPA observé à J14 et du nombre de patients inclus à J0 et leurs intervalles de confiance, par la méthode binomiale exacte. Ainsi, l'efficacité de chaque bras de traitement repose uniquement sur la proportion de RCPA. Cette analyse laisse croire que les échecs sont identiques entre eux alors que le tableau 1.4 du chapitre 1 nous révèle des cas d'échecs dans chaque groupe notamment des cas d'échecs thérapeutiques précoces. Faut-il donc négliger ces informations ou, faut-il les prendre en compte dans l'analyse ? D'où la problématique d'une analyse suivant l'unique classe RCPA et l'intérêt d'une analyse basée sur les 4 classes.

Le tableau 3.1 décrit l'évolution des hématocrites dans chaque groupe de traitement. L'hématocrite était mesuré à l'inclusion, et après traitement au Jour 14. Le tableau donne les différences de moyennes pondérées (*WDM Weighted difference mean*) par l'inverse de la variance dans chaque essai. On observe une augmentation significative de l'hématocrite ($p - value$ strictement inférieure à 5%) à J14, par rapport à la valeur initiale à J0, à l'exception de Garoua (Gar 03) avec la SP ($p - value$=0.2).

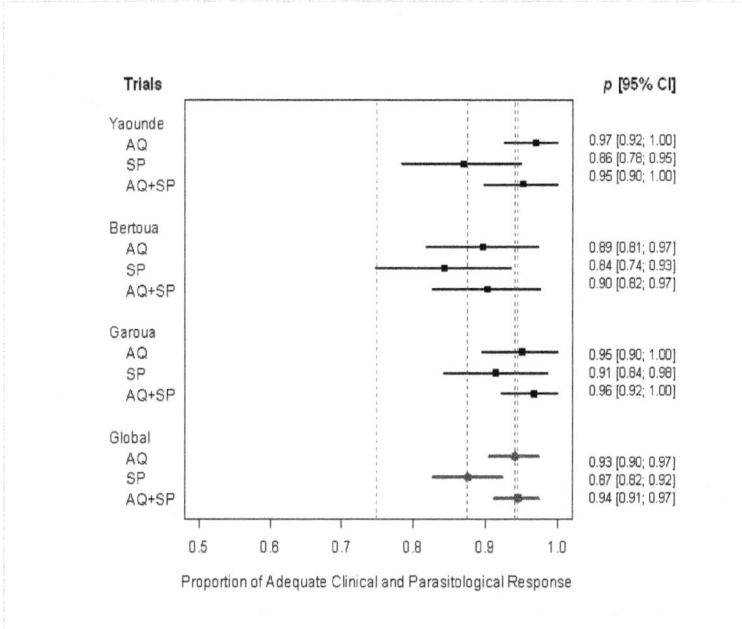

Figure 3.1: Proportions (p) observées de RCPA dans les essais J14. Les intervalles de confiance sont calculés par la méthode binomiale exacte. La ligne pointillée rouge correspond au seuil minimal d'efficacité tolérée. Les lignes pointillées blues correspondent aux pourcentages poolés moyens de RCPA par bras de traitement.

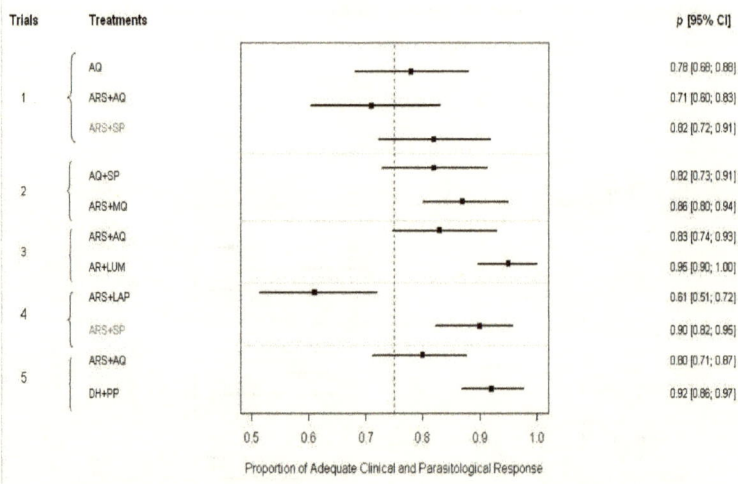

Trials	Treatments		p [95% CI]
	AQ		0.78 [0.68; 0.88]
1	ARS+AQ		0.71 [0.60; 0.83]
	ARS+SP		0.82 [0.72; 0.91]
2	AQ+SP		0.82 [0.73; 0.91]
	ARS+MQ		0.86 [0.80; 0.94]
3	ARS+AQ		0.83 [0.74; 0.93]
	AR+LUM		0.95 [0.90; 1.00]
4	ARS+LAP		0.61 [0.51; 0.72]
	ARS+SP		0.90 [0.82; 0.95]
5	ARS+AQ		0.80 [0.71; 0.87]
	DH+PP		0.92 [0.86; 0.97]

Proportion of Adequate Clinical and Parasitological Response

Figure 3.2: Proportions (p) observées de RCPA dans les essais J28. Les intervalles de confiance sont calculés par la méthode binomiale exacte. La ligne pointillée rouge correspond au seuil minimal d'efficacité (taux de RCPA) acceptable.

Essais	Trt	Effectifs	WDM	IC-95%	$p-value$
	AQ	64	6.38	4.62–8.13	< 0.0001
YDE 03	SP	61	6.13	4.2–8.05	< 0.0001
	AQ+SP	62	6.4	4.7–8.11	< 0.0001
	AQ	58	7.2	5.6–8.82	< 0.0001
Bert 03	SP	57	4.86	3.44–6.27	< 0.0001
	AQ+SP	61	7.63	5.85–9.83	< 0.0001
	AQ	39	2.7	1–4.37	0.001
Gar 03	SP	42	3.5	1.47–5.52	0.0007
Patients	AQ+SP	33	6	3.2–8.6	< 0.0001
≤ 60					
	AQ	18	4.6	2.13–7.06	0.0003
Gar 03	SP	15	2.2	-1.12–5.5	0.2
Patients	AQ+SP	27	2.7	0.52–4.87	0.01
>60					
	AQ	64	6.21	4.77–7.64	< 0.0001
YDE 05	ARS+AQ	60	4.73	2.81–6.64	< 0.0001
	ARS+SP	61	6.4	4.88–7.91	< 0.0001
	AQ+SP	67	5.58	4.09–7.06	< 0.0001
YDE 06I					
	ARS+MQ	69	5.94	4.36–7.51	< 0.0001
	ARS+AQ	62	6.87	5.35–8.38	< 0.0001
YDE 06II					
	AM+LUM	61	7.64	6–9.32	< 0.0001
	ARS+SP	85	6	4.8–7	< 0.0001
YDE 06III					
	ARS+LAP	83	6	4.5–7.34	< 0.0001
	ARS+AQ	92	6.43	5.23–7.62	< 0.0001
YDE 07					
	DH-PP	91	6.22	5–7.4	< 0.0001

Table 3.1: Comparaison entre la moyenne d'hématocrite à J0 et J14 par groupe de traitement dans l'ensemble des essais. Partie supérieure=essais 2003 ; partie inférieure=essais 2005-2007.

3.1.1 Comparaison des proportions de RCPA

– **Effet de l'automédication prélable**

Dans l'essai J14, pour la variable liée à l'automédication avant inclusion dans l'étude, et quel que soit le type de traitement, nous avons comparé les proportions de patients RCPA entre les groupes OUI et NON dans le but de savoir si la prise antérieure d'antipaludique avait une influence sur le taux de RCPA. Parmi les 393 participants qui ont répondu OUI, 369 (68.5% dont la tranche parasitaire était de 2100-300000) était RCPA, et parmi les 135 (31.4% avec une densité parasitaire comprise entre 2000-260000) qui ont répondu NON, 127 étaient RCPA. Il n'y avait pas de différence significative entre les deux proportions (OR=0.97, 95% CI 0.42 ; 2.21).

– **Effet des bras de traitement sur le taux de RCPA : comparaison avec ou sans correction PCR**

Dans les essais J28 dont la description a été donnée au tableau 1.4, nous nous sommes intéressés à la comparaison des proportions de RCPA d'une part, sur données non-corrigées par PCR et, d'autre part, sur les données avec correction PCR. Le critère de comparaison utilisé était le odds ratio (OR) caculé selon l'approche per-protocol (PP), et selon l'approche en intention de traiter (ITT, *intention to treat*).

Les résultats au tableau 3.2 montrent que sur les données non corrigées, l'ASCD est moins efficace que ASSP, que ce soit avec l'approche PP (OR=0.24 ; 95% IC=0.09-0.65) qu'avec l'approche ITT (OR=0.30 ; 95% IC=0.13-0.62), résultat maintenu avec les données corrigées selon l'analyse ITT (OR=0.39 ; 95% IC=0.17-0.85). De plus sur données non-corrigées, le taux de RCPA était significativement moins élevé avec ASAQ qu'avec DHPP selon l'analyse ITT (OR=0.32 ; 95% IC=0.12-0.80) et PP (OR=0.12 ; 95% IC=0.02-0.52). Les autres comparasions sont restées non significatives.

Comparateur[1]	Traitement	Réponses non-corrigées		Réponses corrigées par PCR	
		OR (ITT)	OR (PP)	OR (ITT)	OR (PP)
AS-AQ	AQ	0.71 (0.31-1.60)	0.70 (0.26-1.85)	1.24 (0.43-3.56)	3.85 (0.41-35.6)
AS-AQ	AS-SP	0.60 (0.23-1.31)	0.55 (0.20-1.53)	0.98 (0.32-3.00)	2.94 (0.30-29.2)
AQ-SP	AS-MQ	0.68 (0.26-1.75)	0.13 (0.01-1.10)	1.62 (0.50-5.24)	-
AS-AQ	AM-LM	0.26 (0.07-1.03)	0.36 (0.06-1.92)	0.13 (0.01-1.10)	0.12 (0-2.04)
AS-CD	AS-SP	0.30* (0.13-0.62)	0.24* (0.09-0.65)	0.39* (0.17-0.85)	0.37 (0.12-1.20)
AS-AQ	DH-PP	0.32* (0.12-0.80)	0.12* (0.02-0.52)	0.61 (0.22-1.66)	0.28 (0.05-1.36)

Table 3.2: Comparaison des résultats entre traitements avec prise en compte ou non de la correction PCR. ITT= analyse en intention de traiter. PP=analyse "per protocol".

3.1.2 Analyse par régression logistique de l'effet des variables d'inclusion sur le taux de RCPA

Dans les essais J14, nous avons considéré le critère principal comme binaire et nous avons étudié l'influence des variables d'inclusion sur la probabilité de guérison complète RCPA. Le tableau 3.3 nous présente les résultats en analyse univariée et en analyse multivariée. Deux variables sortent de l'analyse univariée : la température à l'inclusion et le poids du patient. La probabilité d'être RCPA apparaît d'autant plus élevée que la température à l'inclusion est basse ($p-value < 0.05$) et que le poids est élevé ($p-value < 0.05$). Ces résultats ont aussi montré que l'effet du traitement SP comparé à AQ influence négativement le taux de RCPA. Il n'y a pas eu d'effet centre significatif.

Informations à l'inclusion	Analyses univariées			Analyses multi-variées		
	Estimés	SD	$p-value$	Estimés	SD	$p-value$
Centre Bertoua-Ydé Centre Garoua-Ydé	-0.006	0.02	0.72			
Âge	5×10^{-4}	3×10^{-4}	0.17			
Genre	0.014	0.018	0.413			
Parasitémie log-transformée	-0.003	3×10^{-3}	0.243			
Température	-0.022	0.011	0.056	-0.022	0.011	0.043
Hématocrite	7×10^{-4}	10^{-3}	0.66			
Poids log-transformé	0.053	0.026	0.049	0.048	0.026	0.06
Nombre de jour de fièvre	-7×10^{-4}	3×10^{-3}	0.812			
Automédication	10^{-3}	0.020	0.95			
AQSP-AQ	0.017	0.021	0.43			
SP-AQ	-0.081	0.021	0.0001	-0.088	0.018	2.96×10^{-6}

Table 3.3: Influence des variables d'inclusion sur le succès thérapeutique.

3.1.3 Analyse des "courbes de survie" post traitement

A l'instant J0, date d'inclusion, tous les patients sont infectés et reçoivent une première dose de médicament. Pour étudier la survenue de l'échec (réinfection ou recrudescence) au cours du temps, nous nous sommes intéressés aux patients avec absence de parasites au Jour 3, pour deux raisons : la première, pour éliminer le temps d'infection, aléatoire avant inclusion ; la deuxième relative à l'action rapide des dérivés de l'artémisinine dans l'élimination des parasites. Dans l'analyse qui va suivre, nous n'avons considéré que les patients sans parasites au Jour 3. Ensuite pour chaque patient, et dans chaque groupe de médicament, on compte le nombre de fois où l'échec apparaît aux instants J14, J21 et J28, permettant ainsi une estimation du taux de succès. L'échec est caractérisé par la présence de parasites (ou présence de parasites avec fièvre) entre les instants Jour 7 et Jour 28.

Dans cette section, nous avons suivi les recommandations OMS en comparant les évolutions de la parasitémie au sein de chaque essai J28. La survie est définie ici, pour chaque individu, comme le temps écoulé avant rencontre de la parasitémie.Le but est d'étudier la récurrence de la parasitémie. Nous avons fait une analyse restreinte aux ACTs. Leur particularité réside dans l'élimination rapide des parasites dès J3. Ceci se traduit par la grande proportion de patients sans parasite observée au Jour 3 (tableau 1.4).

Nous avons constitué les données observées en une paire d'observations : (T,δ), correspondant à la variable temps d'observation T et la variable censure δ. En général, la censure survient lorsqu'on arrête de suivre un patient avant la survenue de l'événement. T correspondant à l'espace des jours suivant (J3, J7, J14, J21, J28). Les censures comprennent : les perdus de vue (PDV) entre J3 et J28, les exclus pour traitement abusif, correspondant à la censure non aléatoire. L'événement d'intérêt correspond à la présence de parasites entre J7 et J28.

La Table (3.4) montre une évolution de l'état des patients sans parasitémie à J3. Pour la combinaison AQ+SP, 58 (86.6%) individus étaient sans parasite à J3. A $t = 1$ (J7) et $t = 2$ (J14), il ne s'est produit aucun événement. Par contre à $t = 3$ (J21), 4 censures ont été observées ainsi que 2 échecs parmis les 54 individus restants, soit une probabilité de survie de 0.963. A $t = 4$ (J28), on observe 5 patients avec parasites parmis les 52 restants, soit une probabilité de survie de 0.90.

Pour le cas plus particulier de la combinaison ARS+LAP, 81 (97.6%) patients étaient sans parasite au Jour 3. Au temps $t = 1$, J7, 1 patient présentant une parasitémie parmi 79 patients à risque, soit une probabilité de "survie" de 0.987 (78/79). A l'instant $t = 2$, il reste 78 individus parmi lesquels 1 censure et 3 patients avec parasitémie, soit une probabilité de survie de 0.948 (74/78). Cette probabilité décroît aux instants $t = 3$ et $t = 4$ à cause de la survenue d'échecs. Finalement, la probabilité conditionnelle d'être RCPA au Jour 28 est de 0.744. Au total, 19 (4.1%) échecs sont observés entre les instants 0 (J3) et 4 (J28). On note 6 (10.52%) censures enregistrées aux instants 1 (J7) et 2 (J14). Les résultats révèlent une différence significative ($p - value = 0.00043$) dans l'évolution des courbes de survie de ARS+LAP et de ARS+SP.

Années	Traitement	Temps	Sans parasites	Avec Parasites	Survie§	95% IC	p − value Test du Log-Rank
	ARS+AQ	2	57	1	0.982	0.949-1.000	
		3	56	7	0.860	0.774-0.955	
		4	49	5	0.772	0.670-0.889	
2005							0.128**
	ARS+SP	3	56	1	0.982	0.948-1.000	
		4	54	6	0.873	0.789-0.966	
	AQ+SP	3+	54	2	0.963	0.914-1.000	
2006		4	52	5	0.90	0.782-0.964	
							0.02*
	ARS+MQ	4	58	1	0.982	0.949-1.000	
	ARS+AQ	2	58	1	0.983	0.950-1.000	
2006		3	57	5	0.897	0.822-0.978	
							0.13**
	AM+LUM	3	60	2	0.9667	0.922-1.00	
	ARS+LAP	1+	79	1	0.987	0.963-1	
		2+	74	3	0.948	0.898-0.999	
2006		3	70	11	0.798	0.712-0.895	
		4	59	4	0.744	0.651-0.850	
							0.00043*
	ARS+SP	3	76	1	0.987	0.962-1	
		4	75	3	0.947	0.898-0.999	
	ARS+AQ	3	87	8	0.908	0.849-0.97	
2007		4	79	7	0.828	0.752-0.91	
							0.00106*
	DH+PP	1	88	2	0.9773	0.9466-1	

Table 3.4: Survie des patients sans parasite au Jour 3. § : Survie=probabilité d'être sans parasite. L'analyse révèle une différence significative au niveau des courbes de survie dans les deux derniers essais. Il y a une non différence de survie entre ARS+AQ et AM+LUM (car $p − value = 0.13$).

Remarques sur l'analyse de survie

Cette analyse de survie est très limitée du fait d'un faible nombre de visites, d'un grand nombre d'ex-aequo. D'autre part, le temps d'échec n'est pas connu avec précision. L'échec a eu lieu entre J3 et la visite en cours, mais on ignore à quel moment, correspondant à des censures par intervalles, pour lesquelles la méthode d'analyse par Kaplan-Meier n'est plus adaptée.

3.2 Agglomération des données sur critère binaire

Dans cette section, nous avons aggloméré les données individuelles de tous les essais en considérant le critère OMS comme un critère binaire, soit à J14, soit à 28. Le critère binaire est celui qui considère RCPA comme la classe de succès et la somme ECT+ETP+EPT comme la classe des non-guéris. Au total, 1333 patients des $E = 8$ études (2003-2007) sont analysés au jour 14, et 795 patients des $E = 5$ études (2005-2007) au jour 28, pour lesquels on dispose également d'une réponse au jour 14. L'analyse était celle d'une analyse en intention de traiter (ITT) où tous les patients inclus sont considérés dans l'analyse. Dans cette dernière, tous les sujets non RCPA sont assignés à la classe des échecs. Le but premier était de comparer tous les traitements à partir d'une méta-analyse sur le critère binaire.

3.2.1 Résultats de l'analyse bayésienne

Le tableau 3.5 est basé sur une analyse poolée des données individuelles de tous les essais sur le critère binaire. C'est une analyse en intention de traiter qui rassemble à J14 1333 patients et à J28, 795 patients.

Ces résultats ne montrent aucune différence significative entre ASAQ et les autres types de traitements. Après un ajustement indirect sur données non corrigées, le OR entre ASSP et AMLM était de 0.925 (IC à 95%=0.286-2.98). Sur données corrigées, le OR était de 1 (95% IC=0.321-3.12). Cette analyse a montré une grande hétérogénéité entre les essais avec $\sigma^2 = 6.79$.

3.2.2 Discussion

Les résultats ont montré que, comparé à ASAQ, pour les données corrigées et non-corrigées, il n'y avait pas de différence significative des autres traitements. Le résultat principal de l'étude de Jansen et al [33], visant à comparer ASSP à tous les autres ACTs, était que la combinaison AMLM était plus efficace que la combinaison ASSP. Notre première approche d'analyse sur données individuelles n'a pas permis de retrouver ce résultat. L'une des raisons de cette différence peut être liée à la taille des essais agglomérés, directement fonction du nombre total de sujets. Dans la technique utilisée, il y a une perte de la randomisation pour un gain de puissance. Typiquement, on se trouve en face d'une situation où les résultats sur données groupées diffèrent de ceux sur données individuelles. Est ce lié au fait que le caractère individuel n'a pas été bien pris en compte ? Ce résultat est-il entâché de biais ? Sur données individuelles, le fait d'attribuer à tous les individus en échec, la même classe d'échec, est limite de l'analyse qui peut conduire à une sur-estimation ou sous-estimation de l'effet traitement, et donc une perte d'information. Nous n'avons pas utiliser de méthode d'imputation pour prédire les réponses manquantes pour les sujets PDVs. Dans l'analyse ITT, ils leur était attribué l'échec au traitement.

En général, la question de l'efficacité d'une combinaison thérapeutique est obtenue à partir des synthèses de données de la littérature publiée. Nous avons fait une recherche bibliographique sur l'utilisation des ACTs. Les termes de recherche sur medline à travers le logiciel en ligne Jabref (recherche sur la base medline) étaient : Malaria/artemisinin combination therapy/ randomized controlled trials. Les résultats de cette recherche (faite en février 2010) présentent 2 études comparant ASAQ et AMLM [49, 50] et 1 étude comparant ASAQ à DHPP [51]; 3 études comparant chacune AMLM à DHPP [52, 53, 54] et 3 études comparant AMLM à ASMQ [55, 56, 57]; 1 seule étude avait comparé ASMQ à DHPP [58]; 1 essai [59] comparant les 3 traitements ASAQ, ASSP et AQSP. Toutes ces études faisaient partie d'une revue systématique d'efficacité des ACTs [60] où la conclusion principale était que la combinaison DHPP était plus efficace. Elle avait aussi montré que les monothérapies AQ, SP et leur combinaison AQSP étaient moins efficaces que les ACTs. A chaque fois nous avons recherché quel était le critère de comparaison, celui-ci était la proportion d'échecs ou de succès, corrigée par PCR, au jour 28. L'analyse du critère comme critère catégoriel est dons apparue comme une piste non encore explorée. Telles ont été les motivations pour la prochaine étape qui était celle de la prise en compte du critère OMS comme un critère catégoriel.

	Jour 14 Non-PCR					Jour 28 Non-PCR					Jour 28 PCR				
Traitements	Moy	SD	MC Erreur	2.5%	97.5%	Moy	SD	MC Erreur	2.5%	97.5%	Moy	SD	MC Erreur	2.5%	97.5%
AQ	0.26	0.29	0.0041	-0.28	0.89	0.28	0.33	0.0036	-0.34	0.98	0.04	0.33	0.0033	-0.60	0.71
AQSP	0.33	0.31	0.0044	-0.23	1.01	0.71	0.50	0.0060	-0.13	1.83	0.61	0.47	0.0059	-0.16	1.67
SP	-0.32	0.31	0.0045	-0.98	0.26										
ASSP	0.47	0.36	0.0047	-0.14	1.28	0.36	0.52	0.0107	-0.57	1.55	0.20	0.47	0.0083	-0.67	1.25
ASCD	-0.27	0.38	0.0050	-1.09	0.46	-0.45	0.38	0.0066	-1.26	0.28	-0.43	0.38	0.0057	-1.23	0.28
ASMQ	-0.17	0.39	0.0044	-0.98	0.58	0.088	0.51	0.0103	-0.87	1.21	0.10	0.47	0.0083	-0.77	1.13
AMLM	0.29	0.45	0.0041	-0.47	1.34	0.635	0.32	0.0047	0.043	1.30	0.61	0.33	0.0047	0.006	1.33
DHPP	0.03	0.36	0.0032	-0.70	0.76	0.758	0.40	0.0049	0.022	1.61	0.55	0.39	0.0050	-0.133	1.40
τ^2	0.24	0.27	0.0034	0.038	0.85	0.49	0.47	0.0069	0.073	1.72	0.38	0.38	0.0055	0.057	1.36
σ^2	6.79	4.04	0.0250	2.48	17.44	2.12	1.85	0.0140	0.544	6.60	2.70	2.48	0.0186	0.730	8.09

Table 3.5: Méta-analyse à effets aléatoires de l'efficacité des antipaludiques. MC erreur, 2.5% et 97.5% sont des sorties de contrôle de WinBUGS.

Efficacité des ACTs et des non ACTs au Cameroun. Analyse suivant un critère binaire

Chapitre 4

Agglomération des données sur critère catégoriel : temps d'évaluation unique

Les résultats de ce chapitre ont donné lieu à un article publié dans BMC Methodology joint à la fin de ce chapitre

4.1   Introduction

Dans le cas de la malaria, le critère OMS défini par les catégories RCPA, EPT, ECT et ETP, peut être considéré comme un critère catégoriel, ordonné de la bonne catégorie RCPA à la mauvaise catégorie ETP en passant par les catégories intermédiaires EPT et ECT. Ces 4 classes synthétisent un ensemble d'information clinico- biologique : une information relative à la densité parasitaire et à l'état clinique (fièvre) du patient, une information liée au paludisme non compliqué regroupant les classes EPT et ECT, une information relative au paludisme compliqué (fièvre et hyperparasitémie, incapacité de l'enfant à s'asseoir et à se mettre debout, convulsion...) correspondant à la classe ETP, et enfin une donnée sur l'absence de fièvre et de parasites (RCPA). Le caractère ordinal vient du fait qu'un sujet qui présente des parasites détectables au microscope et qui n'a pas de fièvre, a une caractéristique différente de celui qui, en plus d'avoir des parasites, a de la fièvre. Ceci distingue bien un échec parasitologique tardif (EPT) d'un échec clinique tardif (ECT). Pour ces deux cas d'échec, le patient ne présente pas des signes de gravité, à l'opposé des patients dits en échec thérapeutique précoce (ETP).

Les traitements antipaludiques sont en général évalués, globalement, selon le taux de RCPA ou, selon le taux d'échec total. Par contre, actuellement, peu de résultats reposent sur une analyse à partir des données individuelles. Lorsqu'il s'agit d'analyser la réponse au traitement, une première approche consiste à se ramener au cas d'un critère binaire, comme nous l'avons fait dans le chapitre 3, en distinguant RCPA versus non RCPA. Des techniques classiques concernant un critère binaire peuvent être alors appliquées, au prix cependant d'une perte d'information.

Lorsqu'il est souhaité faire porter l'analyse sur le critère ordinal complet, éventuellement recueilli de manière répétée au cours du temps, deux possibilités peuvent être envisagées : la première correspond à une analyse sur données agrégées, la seconde à une analyse sur données individuelles. Dans le cas de données agrégées, il s'agit de comparer, pour deux traitements donnés, les fréquences d'apparition des individus dans les différentes catégories. Agresti (2002) [40] propose une méthode pour l'analyse d'un facteur réponse ordonné. Dans le cas de données individuelles, il est possible de se ramener aux cas de données binaires en effectuant autant de régressions qu'il existe de catégorie de réponses, avec comparaison finale des estimateurs des effets traitement entre catégories. Une telle approche pose des difficultés propres de comparaisons multiples entre estimateurs non indépendants, avec le risque de perdre l'information sur l'ordinalité initiale. L'objectif est ici de proposer une analyse globale prenant en compte, dans la même analyse, l'ensemble des catégories.

4.2   Matériels et Méthodes

Dans un premier temps, nous avons utilisé le modèle logistique cumulé qui fait l'hypothèse d'un effet traitement constant entre les catégories. Dans un deuxième temps, dans la mesure où nous avons observé une forte concentration des sujets dans la classe RCPA, résultant en un comportement extrême de la variable réponse, nous avons choisi, à la suite d'Agresti (2002), d'utiliser la fonction de lien cloglog qui généralise le modèle à risques proportionnels pour les données de survie.

4.2.1   Données disponibles

Les données que nous avons analysées dans cette partie sont les données de l'essai multicentrique de l'année 2003. Au total 538 patients étaient inclus et évalués après traitement au Jour 14 ; 19 étaient des perdus de vue. Les analyses ont donc porté sur un total de 519 patients. La table 4.1 présente la distribution des réponses par centre, par traitement et par catégories de réponse.

La tranche d'âge de la population était de 6-109 mois, soit 458 patients âgés de 0 à 5 ans inclus et 61 patients dont l'âge était supérieur à 5 ans. Cette tranche de la population était représentée dans la zone de Garoua, uniquement. Il n'y avait pas eu de perdu de vue dans le groupe. Une première comparaison basée sur le taux de RCPA uniquement à montré qu'il n'yavait pas de différence entre les 2 groupes d'âge.

Centre	Traitement	C_1 RCPA	C_2 EPT	C_3 ECT	C_4 ETP	Total
	AQ	62	0	0	1	63
		[98.4]**	[0]	[0]	[1.6]	[100.0]
Yaounde	SP	53	2	0	6	61
		[86.8]	[3.27]	[0]	[9.8]	[100.0]
	AQ+SP	59	0	0	0	59
		[100.0]	[0]	[0]	[0]	[100.0]
	AQ	52	2	0	0	54
		[96.3]	[3.7]	[0]	[0]	[100.0]
Bertoua	SP	48	0	2	3	53
		[90.56]	[0]	[3.7]	[5.26]	[100.0]
	AQ+SP	55	1	0	0	56
		[98.2]	[1.8]	[0]	[0]	[100.0]
	AQ	57	0	0	1	58
		[98.2]	[0]	[0]	[1.7]	[100.0]
Garoua	SP	52	2	0	3	57
		[91.2]	[3.5]	[0]	[5.26]	[100.0]
	AQ+SP	58	0	0	0	58
		[100.0]	[0]	[0]	[0]	[100.0]
Total		496	7	2	14	519
		[95.5]	[1.3]	[0.38]	[2.7]	[100.0]

Table 4.1: Impression clinique globale dans l'essai J14 2003. Comptage des réponses au traitement par catégorie, dans tous les centres.

4.2.2 Modèles

Modèles à effet fixe

Nous avons considéré le modèle à effets fixes dans lequel les variables explicatives sont le centre et le traitement. Les effets du traitement étaient étudiés à partir des variables indicatrices T_1 et T_2, où T_1 vaut 1 si le sujet a reçu SP, et 0 ailleurs ; T_2 vaut 1, si le sujet a reçu la combinaison AQ+SP et 0, ailleurs. Le traitement AQ était fixé comme médicament de référence.

$$\lambda_{eik} = \alpha_k + \gamma_{0e} + \gamma_1 T_{1ei} + \gamma_2 T_{2ei} \ (1)$$

Le modèle (1) suppose des rapports de côtes proportionnels entre centres et entre traitements. Il signifie qu'à l'intérieur de chaque centre il y a un log-odds ratio, γ_1, γ_2 pour chaque valeur de k. Cela signifie aussi que à l'intérieur de chaque groupe de traitement, il y a un log-odds ratio commun qui s'écrit $\gamma_{0e} - \gamma_{0e'}$, pout tout centre e différent du centre e'. Cette dernière hypothèse n'est pas très vraie en pratique, car il peut arriver qu'on agglomère des essais dans lesquels les catégories de réponse sont différentes d'un essai à l'autre. Dans ce cas, on considère un modèle stratifié dans lequel la covariable représentant l'effet étude varie avec les niveaux k. Dans le cas plus particulier des essais d'antipaludiques, on retrouve le même nombre de catégorie d'un centre à l'autre ou d'une année à l'autre. C'est la raison pour laquelle nous considérerons le modèle (1). Si pour une combinaison de covariables données dont le traitement, la côte d'être dans la catégorie 1 augmente, elle augmente aussi pour la catégorie 2 ou en dessous, et pour la catégorie 3 ou celles en dessous.

 - **Test de l'hypothèse "*Proportional odds*" (PO)**

Pour le test du PO entre traitements, nous avons supposé un effet centre nul conduisant au modèle

$$\lambda_{eik} = \alpha_k + \gamma_1 T_{1ij} + \gamma_2 T_{2ij}. \ (2)$$

Pour le test entre SP et AQ, l'effet γ_1 est stratifié à travers les seuils, le modèle obtenu est ensuite comparé au modèle (2)

$$\lambda_{eik} = \alpha_k + \gamma_1 T_{1ij} + \sum_{h=1}^{m-1} \gamma_{2h} T_{2ij} \delta_{hc}. \ (3)$$

Pareillement pour le test entre AS-SP et AQ, on fait varier l'effet γ_2 à travers les seuils, le modèle obtenu est ensuite comparé au modèle (2)

$$\lambda_{eik} = \alpha_k + \sum_{h=1}^{m-1} \gamma_{1h} T_{1ij} \delta_{hc} + \gamma_2 T_{2ij}. \ (4)$$

Enfin l'effet centre est vérifié en comparant le modèle (2) à (1). Nous n'avons pas fait le test du PO entre centres car la stratification des effets centre à travers les seuils conduirait à des α_k infinis du fait des catégories non observées dans un centre donné.

Modèles à effets mixtes

Dans le but d'estimer les effets traitement dans chaque centre, nous avons considéré un modèle à effets mixtes

$$\lambda_{ijk} = \alpha_k + \beta_{1i} T_{1ij} + \beta_{2i} T_{2ij}, \ (5)$$

où : $\beta_{1i} = \gamma_1 + \delta_{1i}$ et δ_{1i} distribué suivant $\mathcal{N}(0, \sigma_1^2)$; $\beta_{2i} = \gamma_2 + \delta_{2i}$ et δ_{2i} distribué suivant $\mathcal{N}(0, \sigma_2^2)$.

Interprétation des paramètres

Sous le modèle de variable latente, une différence d'effet traitement positive équivaut à un décalage vers la droite de la distribution, c'est-à-dire que l'on quitte la catégorie 1 et l'on se dirige progressivement vers la catégorie 4. Dans ce cas la probabilité d'échec au traitement augmente. La probabilité d'échec au traitement va progressivement diminuer, si cette différence est négative. Dans ce cas, la distribution se rapproche des classes plus à gauche et donc vers la classe correspondant au succès. Par contre sous le modèle logistique cumulé que nous avons estimé, une estimation avec signe positif signifie que, conditionnellement au traitement administré, l'enfant a moins de chance d'être dans la catégorie correspondant à un état grave et plus de chance d'évoluer vers une guérison complète. A l'opposé, un coefficient estimé avec un signe négatif correspond à une diminution de l'efficacité du traitement.

4.2.3 Méthodes d'estimation

Pour l'estimation des paramètres dans le modèle à effets fixes, nous avons utilisé une approche basée sur la maximisation de la vraisemblance (MV). D'autres méthodes ont été décrites par Whitehead et al (2001), dans lesquelles la réponse ordinale est considérée comme une série de variables binaires. Ce sont les approches GEE et IGLS que nous avons décrites au chapitre 2, dans lesquelles les structures de corrélation induites par le codage de la variable ordinale, sont prises en compte. Le logiciel SAS offre une possibilité d'estimation via la procédure LOGISTIC, basée sur l'approche GEE de Liang et Zeger (1986). La méthode IGLS, quant à elle, est une approche utilisée par Goldstein (1991, 1995) pour faire une extension du modèle logistique à plusieurs niveaux pour données binaires, au cas des données ordinales. Ces méthodes sont disponibles actuellement dans plusieurs logiciels . Nous avons cependant choisi de les implémenter pour nous familiariser avec ces méthodes et parce qu'initialement, nous ne disposions pas de l'outil SAS. Les différents algorithmes ont ensuite été testées sur données simulées avant leur application sur données réelles. Le test de significativité des paramètres était basé sur le test de Wald. Le test de l'hypothèse PO s'est fait par une comparaison de modèles.

Pour maximiser la vraisemblance à partir des différents modèles, nous avons utilisé un algorithme d'optimisation implémenté sous le logiciel R à travers la fonction *Optim*. Cette fonction admet différentes méthodes d'optimisation. La plus connue est la méthode de Nelder-Mead (1965), qui est robuste mais lente à converger. Cette méthode a été utilisée sur données simulées et nous n'avons pas rencontré de problèmes de convergence. Par contre, sur données réelles, plus précisément lorsque nous testions l'hypothèse de PO, des problèmes numériques sont survenus. Nous avons essayé différents algorithme d'optimisation. La méthode SANN (*Stochastic annealing*; Belisle, 1992) a permis d'atteindre la convergence des résultats. Cette dernière appartient à la classe des méthodes d'optimisation stochastiques. Le problème de convergence numérique est l'une des raisons qui nous a poussée à l'utilisation de la fonction de lien cloglog.

4.3 Résultats

4.3.1 Résultats des simulations

Les données simulées sont décrites dans la table 5.3. Elles ont été obtenues à partir de la méthode décrite au chapitre 2 section 2.3.1.

Centre	Traitement	C_1	C_2	C_3	C_4	Total
	T0	9	8	12	21	50
1	T1	4	9	14	23	50
	T2	5	6	9	30	50
	Sous-total	18	23	35	74	150
	T0	2	6	7	35	50
2	T1	2	3	4	41	50
	T2	1	6	8	35	50
	Sous-total	5	15	19	111	150
	T0	16	8	13	13	50
3	T1	14	12	16	8	50
	T2	9	16	8	17	50
	Sous-total	39	36	37	38	150
Total						450

Table 4.2: Résultats des données simulées dans le cas univarié

Les résultats sur données simulées ont conduit à des estimations similaires pour les 3 approches, avec une meilleure performance en termes de probabilités de couverture pour les effets du traitement (Cf Whegang et al, article à la fin du chapitre).

4.3.2 Application à l'essai multicentrique

Nous avons considéré le modèle de la catégorie RCPA à la catégorie ETP. Nous nous sommes intéressés aux résultats sur données groupées et sur données individuelles. Sur données groupées, au moyen des covariables traitement et centre, nous avons observé dans la table 4.3, à la fois pour les liens logit, probit et cloglog, un coefficient négatif et significatif pour SP par rapport à AQ, et un coefficient positif et significatif pour AQSP comparé à AQ. Ce qui n'était pas le cas sur données individuelles avec l'utilisation du lien logit, d'où une instabilité du résultat en particulier pour AQSP comparé à AQ.

Les résultats présentés proviennent de l'analyse à l'aide du modèle logistique cumulé, et non de celle de la variable latente sous- jacente, où les estimés ont un signe opposé. Un coefficient positif équivaut à un décalage à gauche de la distribution de la variable latente, ce qui augmente le " odds " d'être dans la classe de succès. Un coefficient positif augmente donc les chances d'avoir de meilleurs résultats avec un médicament donné

Dans le but d'avoir une idée des effets traitement dans les 3 centres de façon individuelle, nous avons ajusté un modèle à effets mixtes (traitement + centre) sur données individuelles, où des effets aléatoires ont été introduits au niveau des effets traitement. Nous nous sommes aperçus que le résultat obtenu pour SP sur données groupées et celui sur données individuelles avec le modèle à effet fixe, est le même pour tous les centres (1-Yaoundé, 2-Bertoua, 3-Garoua), et que l'efficacité de la combinaison AQSP était la même que celle de AQ dans les villes de Garoua, Bertoua et Yaoundé. Ceci dit, le centre n'a pas significativement influencé les réponses au traitement.

Dans la Figure 4.1, nous avons comparé pour la variable âge, les probabilités dans les différentes catégories de réponse. Celles-ci croissent avec l'âge dans le cas de RCPA et décroissent dans les cas d'échec. Ceci traduirait le fait que, au début de la petite enfance, le sujet est assez vulnérable et est très exposé, alors que son immunité au contact du *Plasmodium* n'est pas encore élevée. Cette immunité augmenterait avec le temps.

Considérons les estimations par maximum de vraisemblance obtenus sur données individuelles. Notons premièrement les ordonnées à l'origine : $\alpha_1 = 3.85$, $\alpha_2 = 4.23$ et $\alpha_3 = 4.38$, correspondant aux odds cumulés de 47, 68.71 et 79.88, ou aux probabilités cumulées de 0.979, 0.985 et 0.987, pour la classe de référence ETP. Ces ordonnées à l'origine servent dans le calcul des probabilités individuelles.

Le coefficient négatif de SP (-1.93 ; OR=0.145, 95% IC=0.04-0.49) indique que les patients traités à SP sont en général moins bien que ceux traités à AQ. Ce qui est significatif au regard de l'intervalle de confiance. Par contre le coefficient de AQSP versus AQ (0.54) indique que les patients ayant reçu cette combinaison ont eu une meilleure réponse que ceux ayant reçu AQ, mais ce résultat n'est pas significatif (OR=1.71, 95% IC=0.26-11.04), contrairement à l'analyse sur données groupées (OR=6.17, OR=1.143-33.3). IL est possible de façon directe, d'extraire une différence d'effet entre SP et AQSP. Considérons pour cela les résultats issus de la méthode du maximum de vraisemblance, en prenant en compte une corrélation $r = -0.77$ (calculée à partir de la taille des sujets dans les 2 bras et de la différence d'effet traitement [61]) pour l'ensemble de ces essais à 3 bras, par un calcul direct, le OR entre SP ($n = 171$) et AQSP ($n = 173$) est de 0.084, 95% IC= [0.003-2.70]. Pour une valeur par défaut de $r = 0.5$, OR=0.084, 95% IC=[0.04-0.20]. Ce dernier résultat montre que SP est moins efficace que la combinaison AQSP.

Avec la fonction de lien cloglog L'utilisation de la fonction de lien cloglog conduit à un modèle qui s'interprète comme le modèle à risques proportionels. Les catégories sont modélisées dans le sens inverse. Il n'estime pas des odds ratios, mais procède à une comparaisons des logarithmes des fonctions de survie. Le paramètre e^{γ} s'interprète comme un rapport des probabilités de survie, pour deux situations différentes de la variable explicative. Tout comme le modèle PO, ce rapport ne dépend pas de la catégorie de réponse. Ici, la survie est interprétée comme étant le succès au traitement exprimée en termes de diminution de la parasitémie et diminution de la fièvre. Plus spécifiquement, quand on passe de la condition x1=AQ à la condition x2=SP, la probabilité d'être au delà d'une catégorie k, (k=RCPA, EPT, ECT, ETP) est :

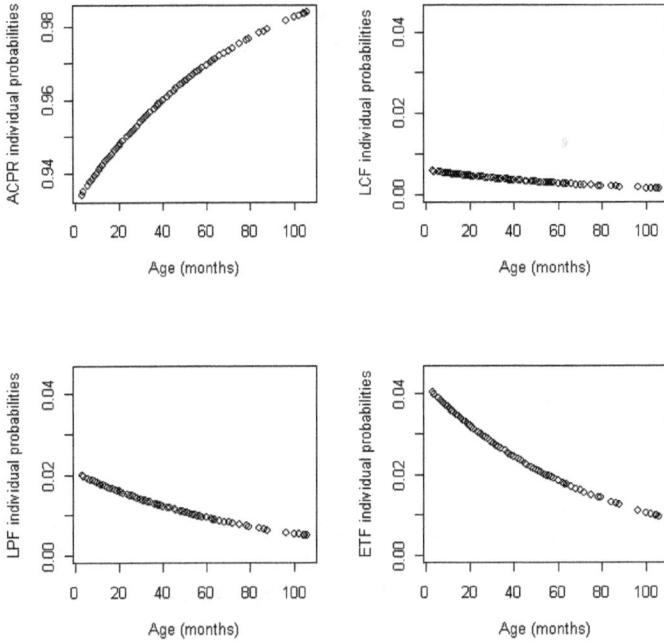

Figure 4.1: Analyse du critère OMS suivant la variable âge. ACPR=*adequate clinical and parasitological response*, LPF=*late parasitological failure*, LCF=*late clinical failure*, ETF=*early treatment failure*. Codage RCPA (1) vers ETP (4).

$$P(Z > k|SP) = P(Z > k|AQ)^{e^{\gamma_{SP} - \gamma_{AQ}}} = P(Z > k|AQ)^{e^{-0.52}}.$$

Ceci signifie que la proportion des patients ayant reçu SP est égale à la proportion des patients ayant reçu AQ élevée à la puissance $e^{-0.52}$. Le terme $e^{-0.52} = 0.606$ représente le rapport des logarithmes des fonctions de survie. Ce résultat montre de façon globale que, le succès (ou survie) était diminué significativement (*) pour le groupe SP par rapport à AQ.

	Covariables d'intérêt	Avec la fonction polr de R Logit	probit	cloglog
		Logit	probit	cloglog
Sur Données Groupées	AQSP/AQ	1,82 (0,86)*	0,70 (0,30)*	0,43 (0,17)*
	SP/AQ	-1,06 (0,38)*	-0,46 (0,17)*	-0,30 (0,11)*
	Bertoua/Yaoundé	-0,04 (0,40)	-0,13 (0,18)	-0,16 (0,12)
	Garoua/Yaoundé	0,35 (0,42)	0,11 (0,20)	0,04 (0,134)
		Les méthodes implementées : MV	Modèle	(1)
Sur Données Individuelles	AQSP/AQ	0,54 (0,95)		0,35 (0,24)
	SP/AQ	-1,93 (0,63)*		-0,52 (0,16)*
	Bertoua/Yaoundé	0,20 (0,51)		-0,016 (0,17)
	Garoua/Yaoundé	0,46 (0,53)		0,12 (0,18)
		Avec WinBUGS	Modèle	(1)
Sur Données Individuelles	AQSP/AQ	1,89 (1,37)	0,62 (0,45)	0,40 (0,25)
	SP/AQ	-1,69 (0,57)*	-0,78 (0,24)*	-0,54 (0,17)*
	Bertoua/Yaoundé	0,01 (0,52)	-0,008 (0,24)	-0,02 (0,17)
	Garoua/Yaoundé	0,44 (0,56)	0,20 (0,26)	0,12 (0,18)
	WinBUGS, effets traitements stratifiés sur les centres	Modèle (5)		
Sur Données Individuelles	SP/AQ[1]	-1.92 (0.64)		-0.57 (0.18)
	SP/AQ[2]	-1.58 (0.70)		-0.56 (0.18)
	SP/AQ[3]	-1.48 (0.70)		-0.56 (0.180)
	AQSP/AQ[1]	7.14 (6.02)		0.405 (0.252)
	AQSP/AQ[2]	1.08 (1.54)		0.402 (0.251)
	AQSP/AQ[3]	7.11 (6.05)		0.405 (0.252)

Table 4.3: Résultats des essais J14 obtenus sur données groupées avec la fonction *polr*, et sur données individuelles avec les méthodes implementées.

4.3.3 Influence des covariables d'inclusion

Nous avons étudié l'influence des covariables d'inclusion sur la réponse au traitement. Les covariables connues étaient la densité parasitaire, le genre, le poids du patient (kg), la prise ou non d'antipaludique avant inclusion dans l'étude, l'hématocrite, le nombre de jours de fièvre avant inclusion dans l'étude, la température corporelle. Nous avons fait une transformation logarithmique du poids des patients, une transformation par la méthode de Box-Cox de la densité parasitaire. L'hématocrite a été catégorisée en 2 classes : $\leq 25\%$ (A), $> 25\%$ (B), B étant la classe de référence. L'âge des patients était également regroupé : A= ≤ 1 an; B=entre 2 et 4 ans; C=≤ 5 ans.

Nous avons procédé par une analyse univariée, ensuite, par une analyse multivariée. Dans l'analyse univariée, la variable explicative était incluse dans le modèle avec les effets du traitement. Seules les covariables avec une $p - value$ en dessous de 10% étaient retenues pour l'analyse multivariée. Dans cette denière analyse, le seuil de 5% était appliqué. Le tableau 4.4 présente les résultats. Dans l'analyse univariée, l'effet du traitement était le même en présence d'une covariable. Le poids et la température corporelle à l'inclusion étaient significatifs. D'après ce résultat, la progression des patients vers la catégorie RCPA augmente avec leurs poids (coefficient positif). Autrement dit, un sujet avec un faible poids à l'inclusion aura moins de chance de se retrouver dans la catégorie de succès. Ce résultat n'est vrai qu'au seuil de 10%. Lorsqu'on diminue le seuil, en analyse multivariée, seul le résultat lié à la température corporelle apparaît hautement significatif.

	Univariée			Multivariée		
	Est	SD	*Z-value*	Est	SD	*Z-value*
Covariables globales						
Traitement (Référence : AQ)						
SP/AQ	-1.776	0.633	2.805	-1.638	0.566	2.893
AQ+SP/AQ	1.797	1.533	1.172	1.418	1.128	1.257
Centre (Référence : Yaoundé)						
Bert/Ydé	0.100	0.550	0.181			
Gar/Ydé	0.458	0.589	0.777			
Covariables individuelles						
Température inclusion*	-0.577	0.264	2.18	-0.614	0.266	2.308**
Fièvre avant inclusion	-0.003	0.070	0.05			
Parasitémie	-0.072	0.071	1.02			
Hématocrite J0	0.341	0.518	0.74			
Automédication Y/N	0.014	0.524	0.03			
Age B/A	0.391	0.511	0.77			
Age C/A	0.989	0.728	1.35			
Age (mois)	0.010	0.012	0.87			
Genre M=1/F=0	0.279	0.468	0.60			
Poids*	1.373	0.716	1.91	0.113	0.06	1.91

Table 4.4: Analyses univariée et multivariée des covariable en présence des effets traitement. * Covariable avec $p-value < 10\%$. ** $p-value < 0.05$.

4.4 Discussion

Dans cette section, nous avons pris en compte le caractère ordinal du critère OMS qui pose des difficultés méthodologiques propres, en particulier lorsque la variable réponse a un comportement extrême. La fonction de lien cloglog semble plus appropriée dans ce cas. Les estimations sont beaucoup plus précises qu'avec la fonction de lien logit. Son utlisation généraliserait la recommandation de l'OMS qui est celle d'analyser les données au moyen des courbes de survie.

Nos résultats ont montré que les enfants évoluaient globalement moins bien avec SP qu'avec AQ. Ce qui peut être lié aux résistances connues du *plasmodium* à la SP. Le traitement SP est recommandé pour le traitement préventif intermittent (TPI, en particulier chez la femme enceinte) ou lorsqu'on quitte une zone non-endémique pour une zone endémique. Ce médicament avait été comparé à un placebo à partir d'une analyse poolée de 6 essais randomisés. Les résultats avaient montré que comparé au placebo, SP assurait une protection clinique de 30.3% contre le paludisme, 21.3% contre l'anémie et 38.1% contre les admissions hospitalières liées à une parasitémie élevée, mais pas d'effet sur la mortalité [62]. La SP ne servirait de protection que pour le traitement du paludisme.

Le fait d'observer un coefficient négatif pour la température à l'inclusion, signifie qu'une température élevée à l'inclusion aurait un effet péjoratif sur l'évolution sous traitement, diminue le risque de RCPA.

Nous n'avons pas observé d'effet centre significatif entre les trois régions, malgré leur différence en densités parasitaires. Les résultats ont montré qu'il y avait une différence significative entre l'échantillon de Yaoundé et celui de Bertoua. L'échantillon de Yaoundé et celui de Garoua n'étaient pas significativement différents (p-value=0.15).

La prise en compte des covariables continues dans le modèle pose certaines difficultés d'interprétation.

4.4.1 Examen de la dépendance monotone de la covariable d'intérêt avec le critère de réponse

Pour examiner l'ordinalité d'un critère pour une covariable donnée, Harrell et al ([63]) proposent une méthode implémentée sous R dans la libraire *Design*. La fonction est *plot.xmean.ordinaly* permettant de représenter la moyenne de la covariable sur les niveaux de la variable réponse. L'ordinalité du critère OMS peut être examinée séparément pour les covariables SP, AQSP, TJ0. La figure 4.2 donne les moyennes de chaque covariable en fonction des niveaux de la variable réponse Z.

Lorsqu'on explore l'ordinalité de ce critère pour la variable TJ0, on se rend compte que ce sont les patients RCPA qui avaient une température en moyenne inférieure à celle des patients ETP. Entre les extrêmes RCPA et ETP, on a une diminution de la température.

Dans cette partie du travail, nous avons analysé le critère à 4 classes proposé par l'OMS comme un critère catégoriel ordonné. Suivant ce critère, les patients avaient été évalués une seule fois au bout de 2 semaines après traitement. Sur les données analysées, il n'y avait pas eu de correction par la PCR. C'est peut être la raison pour laquelle l'OMS a recommandé un suivi de 28 jours afin d'évaluer d'éventuelles recrudescences et réinfections, afin de permettre une estimation plus précise de l'efficacité à long terme du traitement.

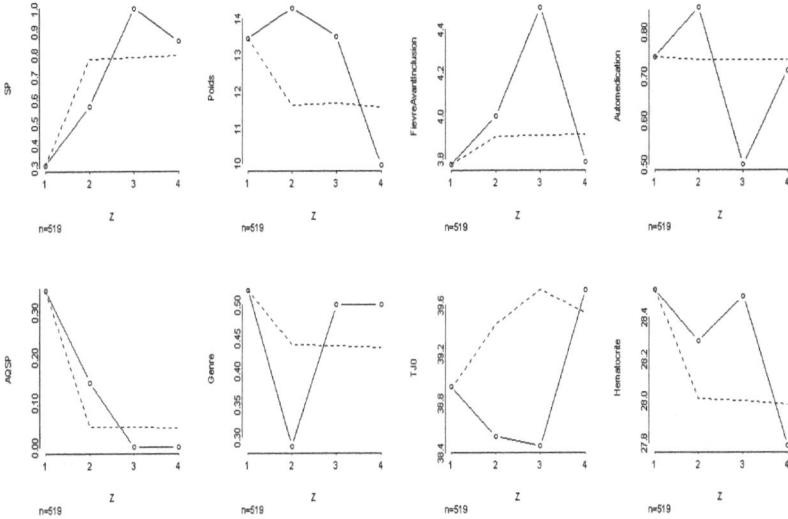

Figure 4.2: Etude de l'ordinalité du critère OMS. La moyenne de chaque covariable est donnée en fonction des 4 niveaux de la variable réponse Z. Les codes 1, 2, 3 et 4 correspondent à RCPA, EPT, ECT et ETP, respectivement. TJ0 est la température à l'inclusion. Le trait plein est la courbe observée et le trait en pointillés, la courbe ajustée sous l'hypothèse de "proportional odds". L'idéal est d'avoir les courbes pleine et pointillée assez proches rendant l'hypothèse de PO acceptable à l'exemple des 2 graphiques plus à gauche.

4.4.2 Réversibilité du critère OMS

Nous avons étudié la réversibilité du critère (impact du codage) de l'OMS. Les résultats de la table 4.5 montrent que seul le signe des effets change, et que ceux-ci restent sensiblement les mêmes lorsqu'on modélise de la catégorie RCPA à ETP ou de la catégorie ETP à RCPA. Nous anticipons sur la présentation des résultats des essais J28 qui seront donnés en détail au chapitre 5.

Coefficients	Essais J14 RCPA-ETP		ETP-RCPA		Essais J28 RCPA-ECT		ECT-RCPA	
	Moyenne	SD	Moyenne	SD	Moyenne	SD	Moyenne	SD
α_1	3.75	0.57	-4.48	0.590				
α_2	4.19	0.59	-3.89	0.561				
α_3	4.40	0.60	-3.84	0.560				
gamma1	-1.69	0.57	1.76	0.568				
gamma2	1.89	1.37	-1.82	1.376				
Garoua/Ydé	0.01	0.52	0.02	0.521				
Bertoua/Ydé	0.44	0.56	-0.40	0.567				
α_1					4.62	0.45	-5.46	0.47
α_2					5.47	0.47	-4.60	0.46
gam1					0.021	0.40	-0.03	0.40
gam2					0.42	0.44	-0.42	0.44
gam3					1.87	0.83	-1.88	0.82
gam4					-0.54	0.32	0.53	0.32
gam5					2.93	1.29	-2.91	1.29
gam6					0.57	0.34	-0.58	0.34
gam7					2.26	0.82	-2.27	0.82
Time$_1$					-2.13	0.461	2.20	0.46
Time$_2$					-2.05	0.463	2.04	0.47

Table 4.5: Etude de la réversibilité du critère OMS dans un modèle à effets fixes. Les colonnes (2,3) et (6,7) correspondent à un codage de RCPA (1) vers ETP (4). Les colonnes (4,5) et (8,9) au codage ETP (1) vers RCPA (4). Les moyennes correspondent au logarithme des ORs cumulés sur toutes les catégories.

4.4.3 Intérêt de la prise en compte de l'ordinalité du critère OMS

Lorsque l'efficacité thérapeutique est jugée sur la seule base du taux de RCPA, elle ne fait pas la différence entre les échecs précoces et les échecs tardifs. Faut-il négliger ces informations ou les prendre en compte dans l'analyse ? L'analyse portant sur le critère ordinal à 4 classes, qu'elle porte sur les données groupées ou sur les données individuelles, permet d'exploiter toute l'information disponible avec un gain en puissance et une meilleure capacité prédictive au niveau individuel. Les résultats de cette analyse rejoignent en fait les conclusions tirées des analyses sur le critère binaire RCPA versus non RCPA du chapitre 3 et les confortent donc.

Prise en compte du critère OMS comme critère catégoriel à temps unique

Chapitre 5

Agglomération des données sur critère catégoriel répété

Ce chapitre est consacré à la comparaison de multiples traitements dans une méta-analyse, où le critère principal est un critère catégoriel répété et les temps de visite identiques à toutes les études.

Cette partie du travail a donné lieu à un manuscrit en cours de rédaction joint à la fin du chapitre.

5.1 Introduction

Dans de nombreuses situations de recherche clinique, la variable réponse pour chaque sujet peut être observée à plusieurs instants, conduisant à une situation de données individuelles à réponses répétées. Celles-ci surviennent communément dans les applications en santé, en particulier dans les études longitudinales. Si dans certaines situations, les variables explicatives varient avec le temps, dans d'autres études, la répétition des données peut correspondre à des mesures corrélées dans l'espace (exemple de mesure sur des dents de la machoire d'un individu).

On peut souhaiter vouloir "pooler" ces données dans une méta-analyse prenant en compte cette répétition au cours du temps. Ce niveau supplémentaire se rajoute à la difficulté déjà rencontrée au chapitre précédent des traitements (en nombre ici de 2 ou 3 par essai) qui n'apparaissent pas systématiquement dans tous les essais.

Dans ce chapitre, nous nous sommes intéressés à l'analyse globale des essais J28 où l'évaluation du traitement était répétée aux Jours 14, 21 et 28. L'objectif est d'obtenir les effets globaux des traitements à partir des données individuelles, en minimisant l'écart entre les trajectoires de réponse des patients observées et celles prédites. Il a été, ensuite, de voir si ces effets globaux changent en présence des caractéristiques individuelles, enfin, de partir des effets globaux pour obtenir des comparaisons directes ajustées sur un modèle ayant une bonne capacité de prédiction.

Pour cela, nous avons proposé une approche de comparaisons multiples des antipaludiques à partir d'un modèle GLMM (*generalized linear mixed model*) de données répétées, où le critère de jugement est discret. Ce modèle prend en compte la variabilité entre sujets au sein de toutes les années d'étude. L'approche est basée sur le modèle PO (*proportional odds*) sur une fonction de lien logit et une alternative pour le lien cloglog.

5.1.1 Structure générale des données

Dans l'analyse des données longitudinales, les données peuvent avoir une structure répétée où un cluster correspond au vecteur de réponse $Z_i = (Z_{i1}, Z_{i2}, Z_{i3})$ du sujet i correspondant aux instants 14, 21 et 28. Dans ce cas, chaque ligne d'une covariable x_i sera aussi répétée comme le montre le tableau 5.1. Si une observation est manquante, cela entraine la suppression de toute la ligne correspondante. Une deuxième structure est possible, qui consiste à représenter le vecteur de réponse du sujet i comme un vecteur de scores $S_i = (S_{i1}, S_{i2}, ..., S_{iK})$ où S_{ik}, $k = 1, ..., K$ est le nombre de fois où le sujet a été dans la catégorie k. La somme du vecteur S_i est égale au nombre total d'observations pour le sujet i. Ce 2ème schéma est semblable à la structure brute des données, à la seule différence qu'il ne permet plus de représenter la variable Temps. Pour ce dernier cas, lorsque les réponses au cours du temps sont réduites en une seule information, cela entraine une perte de la puissance statistique. Finalement, les données perdent leur aspect temporel puisque la variable liée au temps de suivi a été retirée.

Structures	Sujet	Réponse			Temps			Covariable
Brute	i	Z_{i1}	Z_{i2}	Z_{iT}	14	21	28	x_i
Répétée	i		Z_{i1}			14		x_i
	i		Z_{i2}			21		x_i
	i		Z_{iT}			28		x_i
Score	i	S_{iRCPA}	S_{iEPT}	S_{iECT}		-		x_i

Table 5.1: Les différentes structures de données longitudinales. **Brute** correspond aux données réponse × temps × covariables en ligne. **Répétée** correspond à une distribution répétée par temps. **Score** correspond à une agglomération des réponse par niveau de covariable.

5.2 Matériels et méthodes

5.2.1 Données à analyser

Pour cette partie, les données que nous avons analysées sont celles décrites par catégorie de réponse et par type de traitement au tableau 5.2. m_1 représente le nombre d'individus inclus ; m_2 le nombre de PDV et exclus avant Jour 14 ; m_3 le nombre de patients analysés au Jour 14. Au total, 746 enfants de 0 à 5 ans ont été analysées. Chaque ligne du tableau contient à la fois la réponse observée/corrigée et le nombre de données manquantes, dans chaque catégorie, et pour chaque groupe de traitement. Les données manquantes NA sont des mesures qui ne sont pas faites à un temps donné alors qu'elles étaient prévues et qui se classent en MCAR (pour les patients PDV et dont on a aucune information sur leur statut), MAR (pour les échecs au temps précédent du fait de l'absence d'information au moment de l'évaluation) et MNAR (pour des cas d'exclusion lié au non respect du protocole). Dans ces données J28, il existait des 0 d'échantillonnage. Ces derniers sont des mesures relatives à une sous population qui ne se trouvent pas dans une catégorie extrême à l'exemple de la catégorie ECT au temps 14. La difficulté résidait dans la prise en compte du critère en présence des catégories non observées. De plus, tous les sujets n'ont pas le même nombre d'observations, ce qui crée une structure de réponse déséquilibrées au cours du temps.

Description des données						Jour 14			Jour 21				Jour 28			
Années	Trt	m_1	m_2	m_3		RCPA	RPT	ECT	RCPA	RPT	ECT	NA	RCPA	RPT	ECT	NA
2005	AQ	64	3	61		58/59	2/2	1/0	54/56	0/0	2/0	5	50/52	2/0	2/2	7
	ASAQ	60	3	57		56/57	0/0	1/0	49/52	0/0	4/1	4	43/48	3/0	3	8
	ASSP	61	3	58		58/58	0/0	0/0	55/56	1/0	1/1	1	50/54	3/1	2/0	3
Sous-total		185	9	176		172/174	2/2	2/0	158/164	1/0	7/2	10	143/154	8/1	7/2	18
2006a 1	AQSP	67	3	64		64/64	0	0	61/62	1/1	1/0	1	55/57	1/0	4/3	4
	ASMQ	69	8	61		61/61	0	0	61/61	0	1/1	0	60/60	1/1	0	0
Sous-total		136	11	125		125/125	0/0	0/0	122/123	1/1	1/1	1	115/117	2/1	4/3	4
2006b 2	ASAQ	62	4	58		58/58	0/0	0/0	52/55	4/1	1/1	1	52/55	0	0	6
	AMLM	61	1	60		60/60	0/0	0/0	58/60	2/0	0/0	0	58/58	0	0	2
Sous-total		123	5	118		118/118	0/0	0/0	110/115	6/1	1/1	1	110/113	0/0	0/0	8
2006c 3	ASCD	86	14	72		71/71	1/1	0	57/61	6/5	8/4	1	53/55	2/0	1/1	16
	ASSP	82	1	81		81/81	0	0	79/79	0/0	2/2	0	74/75	2/1	2/1	3
Sous-total		168	15	153		152/152	1/1	0/0	136/140	6/5	10/6	1	110/113	2/0	0/0	19
2007	ASAQ	92	4	88		87/88	1/0	0	78/82	6/3	3/2	1	73/76	5/2	0/0	10
	DHPP	91	5	86		86/86	0	0	86/86	0/0	0/0	0	84/84	2/2	0/0	0
Sous-total		183	9	164		173/174	1/0	0/0	164/168	6/3	3/2	1	157/160	7/4	0/0	10
Sous-total	ASAQ	214		203		201/203	1/0	1/0	179/189	10/4	8/4		168/179	8/2	3/0	
	Autres	581	49	545		539/540	3/3	1/0	513/521	10/9	14/7		484/495	13/6	11/7	
Total		795	49	746		740/743	4/3	2/0	690/710	20/13	22/11	14	652/674	21/8	14/7	59

Table 5.2: Distribution des réponses au cours du temps dans les essais J28. xx/yy=réponse non-corrigée/réponse corrigée. NA=réponse manquante.

Nous avons choisis de représenter les données, comme indiqué à la figure (1.5) du chapitre 1- section 1.3.3, sous forme d'un réseau multi-traitements avec au centre le traitement ASAQ, car utilisé par plusieurs pays Africains comme médicament de première intention. Cette figure donne la possibilité de comparer directement les traitements, ou indirectement selon la présence ou non d'une arête reliant 2 traitements.

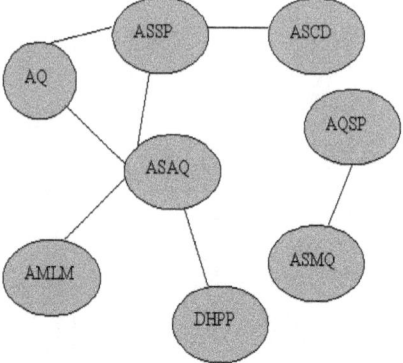

5.2.2 Modèles

Il existe deux grandes approches de modélisation des données catégorielles répétées : i) le modèle marginal conduisant au modèle à effet fixe ; ii) le modèle à effets aléatoires où un effet aléatoire est introduit dans le modèle pour représenter l'effet "cluster". Dans le modèle marginal, la moyenne marginale de la réponse est décrite comme une fonction des covariables avec prise en compte de corrélation entre les réponses. C'est l'approche GEE pour l'analyse des données corrélées. Le modèle à effets aléatoires appartient à la classe des modèles linéaires généralisés à effets mixtes (GLMM, *generalized linear mixed model*) qui sont des extensions des modèles linéaires généralisés pour l'analyse des données non-gaussiennes collectées dans des études longitudinales, où les caractéristiques des populations peuvent être modélisées comme des effets fixes, et les variations individuelles comme des effets aléatoires.

En général, les effets aléatoires sont pris en compte dans l'analyse de la variabilité des comportements individuels. Ces comportements individuels peuvent dépendre d'un facteur donné, lequel peut être emboîté dans un autre facteur, et ainsi de suite. Ceci amène à des modèles multiniveaux ou hiérarchiques où se cotoient plusieurs niveaux de covariables, celles de niveau individuel et celles de niveaux agglomérés (centre par exemple), avec nécessité de prendre en compte des structures de corrélation des réponses correspondant à ces différents niveaux. Dans notre cas, on pourrait assimiler les réponses individuelles (corrélées) au niveau 1, les sujets étant au niveau 2 et les études au niveau 3, selon Raman et Hedecker [36]. Mais du fait du nombre très limité du facteur étude, nous avons été appelés à ne considérer que les sujets et leur réponse au cours du temps.

Les catégories de référence étaient ASAQ, J14, et Etude 2005 pour le traitement, le temps, et l'étude, respectivement. Nous avons utilisé l'idée des comparaisons directe et indirecte, pour extraire des différences d'effet traitement, dont le seuil de significativité était obtenu à partir d'une correction de Bonferonni du risque de 5%. Puisque la variable traitement était une variable à $n_{Trt} = 8$ facteurs, nous l'avons entrée dans le modèle en utlisant un codage par variables catégorielles associées (*dummy variables*) Trt_l, $l = 1, ..., n_{Trt} - 1$ avec ASAQ pris comme référence. De même la variable temps a été codée par deux variables indicatrice $Time_h$, $h = 1, 2$ avec Jour 14, jour de référence, supposé être le moment où on a observé une grande proportion de RCPA. L'étude des effets étude s'est aussi faite au moyen des variables indicatrices $Etude_{m_i}$, $i = 1, ..., N_m$ sujets de l'étude m, $m = 1, ..., M = 5$ études avec $Etude_{1_i} = 0$, c'est-à-dire prise comme étude de référence.

Modèles à effets fixes

Nous avons ajusté des modèles à effets fixes pour le traitement et le temps :

$$logitQ_{ijk} = \alpha_k + \sum_{l=1}^{n_{Trt}-1} \gamma_l Trt_{li} + \sum_{h=1}^{2} \gamma_h Time_{hij}. \tag{5.1}$$

Ensuite pour le traitement et l'étude afin de tester les effets études :

$$logitQ_{ijk} = \alpha_k + \sum_{l=1}^{n_{Trt}-1} \gamma_l Trt_{li} + \sum_{h=1}^{2} \gamma_h Time_{hij} + \sum_{m=2}^{M} \gamma_m Etude_{m_i}. \tag{5.2}$$

Modèles à effets aléatoires

Nous nous sommes placés dans le cas d'un modèle où les résidus ont une variance constante, d'après les formulations données au chapitre 2- section 2.2.5.

En présence d'un grand nombre d'études $M > 5$, à la suite de Raman et al (2005), le modèle le plus général prend en compte un effet aléatoire sujet à l'intérieur d'une année ainsi que l'effet aléatoire lié à l'année.

Dans la mesure où le nombre d'études était très faible, nous n'avons considéré qu'un modèle à effets aléatoires sujet. Toutefois, un effet aléatoire étude aurait permis de relier les patients au cours des différentes périodes de l'année. Pour le modèle à effets aléatoires sujet, nous avons envisagé plusieurs possiblités d'écritures. Dans un premier cas, nous avons supposé que la variance des effets sujet dépendait du sujet et constante au cours du temps, contrairement à l'approche standard où la variance des effets aléatoires sujet est supposée constante.

$$logitQ_{ijk} = \alpha_k + \sum_{l=1}^{n_{Trt}-1} \gamma_l Trt_{li} + \sum_{h=1}^{2} \gamma_h Time_{hij} + v_i, \tag{5.3}$$

où v_i distribués suivant $\mathcal{N}(0, \sigma_i^2)$.

Cette variance sujet peut cependant dépendre de certaines variables explicatives, comme le traitement reçu. Nous avons considéré un modèle linéaire à effets mixtes sur le log de la variance de l'effet aléatoire sujet. D'où :

$$\log \sigma_i^2 = \eta_i + \sum_{l=1}^{n_{Trt}-1} \gamma_l Trt_{li}, \tag{5.4}$$

où $\eta_i \sim \mathcal{U}(0, b)$. Cette dernière quantité représenterait la capacité d'absorption du médicament, supposée suivre une loi de paramètres communs à tous les sujets. Nous avons choisi une loi uniforme mais une loi normale aurait pu être choisie également.

Dans un second temps, nous avons autorisé la variance à dépendre à la fois des caractéristiques du sujet et du temps, offrant la possibilité à la variance d'augmenter ou de diminuer avec le temps. Plus précisément, on suppose un effet aléatoire sujet u_{ij} de moyenne 0 et variance hétérogène σ_{ij}^2. Ceci signifie que la variance sujet dépend de ses caractéristiques individuelles et du temps. Autrement dit, en présence de multiples traitements, l'effet sujet serait fortement dépendant du type de traitement et de son effet au cours du temps, et la sensibilité sujet ne serait pas la même pour tous les sujets. D'où la formulation :

$$logit(Q_{ijk}) = \alpha_k + \sum_{l=1}^{n_{Trt}-1} \gamma_l Trt_{li} + \sum_{h=1}^{2} \gamma_h Time_{hij} + u_{ij}, \tag{5.5}$$

De la même façon qu'en (5.4), le modèle des σ_{ij}^2 est :

$$\log \sigma_{ij}^2 = \sum_{l=1}^{n_{Trt}-1} \gamma_l Trt_{li} + \sum_{h=1}^{2} \gamma_h Time_{hij}, \tag{5.6}$$

ce qui suppose que les réponses sont homogènes au cours du temps, et les prédictions seraient les mêmes pour tous les sujets.

Nous avons aussi supposé qu'au cours du temps, les traitements ont la même chance d'éliminer les parasites, et qu'il existerait un effet sujet θ_i, commun à tous les temps de visite. D'où l'écriture suivante :

$$\log \sigma_{ij}^2 = \theta_i + \sum_{l=1}^{n_{Trt}-1} \gamma_l Trt_{li} + \sum_{h=1}^{2} \gamma_h Time_{hij}, \tag{5.7}$$

où : $\theta_i \sim \mathcal{N}(0,5)$, c'est-à-dire que les sujets ont la même capacité d'absorption du traitement au cours du temps. L'introduction d'une distribution uniforme pour les effets sujets θ_i revient à dire que les traitements ont une répartition uniforme dans leur efficacité chez tous les sujets au cours du temps. En fait, cet effet sujet peut dépendre de la catégorie de réponse observée, mais surtout de la nature du traitement testé et de ses paramètres d'élimination au cours du temps, ce qui est le cas ici. D'où la supposition d'une variabilité de l'effet sujet $\theta_i \sim \mathcal{N}(0,\tau_i^2)$, avec une variance hétérogène qui est modélisée comme suit :

$$\log \tau_i^2 = \epsilon_i + \sum_{l=1}^{n_{Trt}-1} \gamma_l Trt_{li}, \tag{5.8}$$

où le terme ϵ_i est supposé distribué suivant une loi uniforme, et représente la capacité du sujet à absorber le traitement, uniforme à tous les sujets quel que soit le traitement reçu.

5.2.3 Modèle général hétéroscédastique

Le modèle le plus général que nous avons considéré est un modèle en présence des effets traitement, des effets études, et des effets temps de suivi. Comme fonction de lien h, nous avons utilisé le logit (modèle ML) et le cloglog (modèle McL).

$$h(Q_{ijk}) = \alpha_k + \sum_{l=1}^{n_{Trt}-1} \gamma_l Trt_{li} + \sum_{h=1}^{2} \gamma_h Time_{hij} + \sum_{m=2}^{M} \gamma_m Etude_{mi} + u_{ij}, \tag{5.9}$$

où $u_{ij} \sim N(0,\sigma_{ij}^2)$ tel que :

$$\log \sigma_{ij}^2 = \theta_i + \sum_{l=1}^{n_{Trt}-1} \gamma_l Trt_{li} + \sum_{m=2}^{M} \gamma_m Etude_{mi}, \tag{5.10}$$

où $\theta_i \sim N(0,\tau_i^2)$ tel que :

$$\log \tau_i^2 = \sum_{l=1}^{n_{Trt}-1} \gamma_l Trt_{li} + \sum_{m=2}^{M} \gamma_m Etude_{mi}. \tag{5.11}$$

Dans les équations (5.10) et (5.11), les mêmes covariables de l'expression (5.9) ont été utilisées pour modéliser l'hétérogénéité de la variance. Une autre façon de faire serait d'inclure dans le modèle hétérocédastique les paramètres significatifs, ou d'autres types de covariables. La difficulté que nous avons rencontrée avec les covariables était que celles-ci étaient continues et nécessitaient une discrétisation.

Pour les traitements qui étaient répétés d'un essai à l'autre, à l'exemple de ASAQ, il était possible de supposer que la différence d'effet traitement entre ASAQ et ASSP, pour l'essai 2005, variait autour de l'effet global ASAQ-ASSP estimé avec une variabilité essai. Autrement dit :

$$\delta_{m_{ASAQ-ASSP}} = \gamma_{ASAQ-ASSP} + \epsilon_m,$$

où $\epsilon_m \sim N(0,\xi_m)$ avec ξ_m, la variabilité liée à l'étude m. A cause d'un nombre limité d'études, nous n'avons pas tenu compte d'un effet aléatoire étude. Toutefois, ceci reste possible dans une étude à grande échelle.

Les effets fixes dans le modèle GLMM s'interprètent conditionnellement aux effets aléatoires, alors que dans les modèles marginaux, ces effets sont moyennés et on parle d'effet de population. L'interprétation se fait en supposant les autres paramètres du modèle fixés.

Selon le type de traitement reçu, si on s'intéresse aux scores observées par catégorie de réponse. On dira qu'un traitement est meilleur qu'un autre si le score augmente vers les catégories positives, ou si l'effet de l'interaction entre ce traitement et le temps est positif.

5.3   Méthodes d'estimation et Logiciels

Pour l'estimation des modèles à effet fixe, nous avons utilisé une approche décrite par Parsons et al (2009). Cette appsroche prend en compte les structures de corrélation telles que indépendante, uniforme et autorégressive d'ordre 1. Elle est implémentée sous le logiciel R à travers la fonction *repolr*. Pour des besoins de comparaison, nous avons utilisé la procédure LOGISTIC de SAS.

Pour des raisons de comparaison et de validation de modèle, nous avons choisi d'utiliser une approche bayésienne. La comparaison de modèle a utilisé le DIC (*deviance information criterion*, Gelman et al, 2004). La validation a utilisé le PPP (*posterior predictive p-value*) (Gelman, 2004). L'idéal est d'avoir une valeur du PPP autour de 0.5. Ce dernier critère traduit la capacité des données répliquées à partir du modèle estimé, de réfléter les données observées. Les lois à priori utilisées pour les différents paramètres étaient $\mathcal{N}(0, 10^{-6})$ pour les effets traitement, $\mathcal{N}(0, 0.1)$ pour les effets étude, $\mathcal{U}(-5, 5)$ pour les effets du temps. Pour les effets aléatoires η_i et θ_i, les priors étaient des lois uniformes sur l'intervalle $(0, 5)$. Les moyennes à postériori des paramètres ont été obtenues sur 50000 échantillons.

5.4   Test du modèle global sur données simulées

A partir de données simulées au chapitre 2, section 2.3.2, nous avons testé la capacité de prédiction du modèle PO. Nous avons extrait la variable réponse pour les 3 premiers sujets. Sur données simulées, la PPP était de 0.73. Les observés correspondent aux scores observés pour les catégories 1, 2 et 3. Pour les 3 premiers patients, les scores prédits sont sensiblement proches des scores observés.

Sujets		Catégorie/Score		
		1	2	3
1				
	Observé	1	0	2
	Prédit	0.60	0.43	1.97
2				
	Observé	1	1	1
	Prédit	0.66	0.57	1.76
3				
	Obervé	0	0	3
	Prédit	0.28	0.40	2.31

Table 5.3: Test du modèle logit sur données simulées. Comparaison entre score observé et score prédit.

5.5 Application dans les essais J28

Ces résultats ont été obtenus sur un total de 746 sujets.

5.5.1 Résultats des modèles à effets fixes

Pour les modèles à effets fixes, nous avons obtenu les résultats en prenant en compte les covariables traitement et temps. Dans le tableau 5.4, la variable réponse a été analysée à l'aide de la procédure *repolr* (Parson et al, 2009) du logiciel R en présence des structures de corrélation autoregressive d'ordre 1 (AR1), uniforme et indépendante, en supposant un effet du traitement identique à toutes les catégories et au cours du temps (hypothèse PO), pour chaque traitement comparé à la combinaison de référence ASAQ. Les sorties SAS ont été obtenues au moyen de la procédure LOGISTIC. Le test de l'hypothèse PO pour le modèle AR1 était significatif ($p - value \approx 0$) indiquant le rejet de l'hypothèse, contrairement au résultat sous SAS selon lequel cette hypothèse n'était pas rejétée car ($p = 0.32$). Les coefficients négatifs (significatifs) pour les effets du temps suggèrent que le meilleur score qui est celui de RCPA décroit au Jour 21 et Jour 28 comparé au Jour 14, indiquant une apparition des échecs liés aux recrudescences et aux réinfections. Dans ce modèle, l'exponentielle d'une moyenne est le odds ratio moyenné sur la population des 746 sujets analysés, et concerne la sous-population ayant en commun une caractéristique par rapport à la sous-population ne l'ayant pas. Par exemple, pour les patients traités à la combinaisons DHPP, $OR = e^{2.040}$ signifie que ceux-ci ont de meilleures réponses comparé aux patients traités à la combinaison ASAQ. De même pour les patients traités à la combinaison AMLM et ASMQ.

Nous avons testé le modèle d'interaction global entre le traitement et le temps, malheureusement la convergence n'a pas été atteinte. C'est la raison pour laquelle nous nous sommes limités aux interactions simples en analyse univariée sous le modèle AR1. Les résultats (tableau 5.5) ont montré que la combinaison AQSP était moins efficace que ASAQ. Son interaction avec le temps était négative et pas significative. La combinaison AMLM quant à elle avait une interaction hautement significative avec le temps. L'efficacité de la combinaison ASCD diminuait au cours du temps ($z = -2.89$ correspondant à $p - value < 0.05$). Cette diminution était liée à l'apparition des recrudescences.

Les effets du traitement ont changé en présence des effets "étude" comme le montre les résultats du tableau 5.6. Seuls les effets AQSP et DHPP deviennent significatifs. Puisque l'étude 2 n'était pas connectée aux autres études, son effet était la somme de ses effets "traitement". Par conséquent, l'effet de ASMQ est la somme des effets Etude 2-1 et AQSP c'est-à-dire 4.73 (SD=1.45).

Param	Modèle de corrélation R repolr						SAS LOGISTIC	
	AR1		Unif		Indep			
	Moyenne	SD	Moyenne	SD	Moyenne	SD	Moyenne	SD
α_1	4.491	0.437	4.489	0.437	4.492	0.436	4.490	0.436
α_2	5.328	0.455	5.326	0.455	5.329	0.454	5.327	0.454
AQ	-0.0106	0.397	-0.010	0.398	-0.007	0.391	-0.005	0.391
AQSP	0.384	0.436	0.389	0.438	0.370	0.427	0.373	0.428
AMLM*	1.628	0.745	1.624	0.745	1.638	0.738	1.641	0.739
ASCD	-0.552	0.322	-0.555	0.323	-0.545	0.317	-0.542	0.317
ASMQ*	2.391	1.048	2.40	1.054	2.366	1.022	2.370	1.022
ASSP	0.571	0.345	0.576	0.346	0.558	0.338	0.561	0.339
DHPP*	2.040	0.754	2.049	0.759	2.015	0.736	2.018	0.736
Time1*	-2.051	0.434	-2.050	0.433	-2.030	0.441	-2.032	0.441
Time2*	-2.012	0.445	-2.028	0.437	-1.954	0.447	-1.9547	0.447
Test du score pour PO	54.205 : DDL=9 $p \sim 0$		54.234 DDL=9; $p \sim 0$		53.315 DDL=9; $p \sim 0$		χ_2=10.37 DDL=9 $p=0.32$	
Cor Param	0.05 (95% IC ; 0-1)		0.05 95% IC ; 0-0.989					

Table 5.4: Résultats sur données non-corrigées du modèle à effet fixe Traitement et Temps. Comparaison des estimations des différents paramètres selon les approches R repolr et SAS LOGISTIC.

Coefficients et Traitements	Estimate	Naive S.E.	Naive z	Robust S.E.	Robust z
AQ					
α_1	5.51	0.56	9.88	0.41	13.27
α_2	6.33	0.57	11.06	0.44	14.37
AQ	-1.87	1.44	-1.29	1.47	-1.27
time	-0.10	0.02	-4.44	0.016	-6.04
AQ :time	0.06	0.06	1.02	0.064	1.00
AQSP					
α_1	5.08	0.52	9.69	0.41	2.26
α_2	5.90	0.54	10.94	0.44	13.33
AQSP	3.27	2.71	1.20	2.20	1.48
time	-0.09	0.02	-3.89	0.01	-4.97
AQSP :time	-0.13	0.10	-1.28	0.08	-1.57
AMLM					
α_1	5.28	0.52	10.09	0.42	12.47
α_2	6.10	0.53	11.33	0.45	13.59
AMLM	-0.54	2.79	-0.19	0.79	-0.68
time	-0.09	0.02	-4.46	0.01	-5.56
AMLM :time	0.08	0.12	0.66	0.017	**4.79**
ASCD					
α_1	5.75	0.60	9.56	0.51	11.26
α_2	6.58	0.61	10.69	0.53	12.36
ASCD	-2.23	1.18	-1.88	0.77	-2.89
time	-0.10	0.02	-4.39	0.02	-5.20
ASMQ :time	0.051	0.051	1.00	0.033	1.57
ASMQ	-	-	-	-	-
ASSP					
α_1	4.89	0.53	9.12	0.42	11.61
α_2	5.72	0.55	10.36	0.44	12.91
ASSP	3.22	1.94	1.66	1.55	2.07
time	-0.078	0.022	-3.49	0.017	-4.49
ASSP :time	-0.12	0.074	-1.62	0.06	**-2.04**
DHPP	-	-	-	-	-

Table 5.5: Analyse univariée. Test de l'interaction à partir d'un modèle à effet fixe AR1 ; modèle GEE avec la fonction *repolr* de R. Chaque traitement est sa référence par rapport au contrôle ASAQ. Difficultés à tester l'interaction pour ASMQ et DHPP du fait des catégories non représentées au cours du temps.

Coefficients	Moyenne	SD	2.5%	97.5%
α_1	4.33	0.50	3.37	5.34
α_2	5.18	0.52	4.20	6.23
Etude 2-1	2.70	1.01	1.023	4.993
Etude 3-1	0.92	0.55	-0.118	2.054
Etude 4-1	0.54	0.60	-0.582	1.707
Etude 5-1	0.16	0.41	-0.642	0.972
AQ	0.27	0.47	-0.650	1.235
AQSP	-2.03	1.05	-4.373	-0.238
AMLM	1.21	0.93	-0.423	3.23
ASCD	-0.83	0.71	-2.249	0.551
ASSP	0.57	0.51	-0.383	1.603
DHPP	2.35	0.85	0.923	4.254
Time1	-2.10	0.44	-3.031	-1.268
Time2	-2.01	0.45	-2.952	-1.182

Table 5.6: Effets traitements en présence des effets étude et temps.

5.5.2 Résultats du modèle à effets aléatoires

Nous avons étudié les différents modèles présentés. Cependant, les résultats que nous présentons ici sont ceux du modèle (5.9), (5.10), (5.11) basés sur une approche *per protocol*. Nous comparons les résultats du modèle à odds proportionels à ceux du modèle à risques proportionels. Dans le modèle PO, les estimations sont extraites sous forme de OR tandis que dans le modèle PH, les estimations représentent un rapport du logarithme des fonctions de survie. Dans l'ensemble, on observe que les estimations dans le cadre d'un modèle à effets fixes diffèrent de celles du modèle à effets aléatoires. Ceci est lié au fait que le modèle à effets fixes s'applique à la population générale tandis que dans le modèle à effets aléatoires, c'est le paramètre de population qui est contraint à suivre une certaine loi. Nous avons comparé les capacités de prédiction des différents modèles.

Comparaisons directes et indirectes

Les résultats du tableau 5.7 fournissent les estimations de la différence d'effet traitement entre ASAQ et les autres stratégies. Ces estimations sont considérées comme des effets directs. Puisqu'il s'agissait d'une comparaison multiple de traitements, une correction de Bonferroni du risque de première espèce a été appliquée, ce qui justifie les intervalles de confiance à 99%.

Dans la partie liée aux comparaisons indirectes, "diff" correspond à la différence entre les estimations des effets directs, et "SDdiff", à l'écart-type de cette différence donnée par la racine carrée de la somme des variances des effets directs. Puisque nous avons fait une approche bayésienne, le paramètre est jugé en terme de crédibilité par rapport à son intervalle de crédibilité. Nous emploierons "significativité" à la place de crédibilité, et utiliserons la notion d'"intervalle de confiance". Dans l'ensemble, nous avons remarqué que les intervalles de confiance étaient plus étroits sous le modèle PH que sous le modèle PO.

Comparaison directe globale.
Nous avons noté des effets études 2 et 3 significatifs. Les effets du temps étaient significatifs, comme observés sous le modèle à effets fixes. Les résultats ont montré que la combinaison DHPP (86 patients analysés), comparée à ASAQ (203 patients analysés), était plus efficace contre le traitement du paludisme à *P. falciparum*

(OR=4.85 ; 95% IC=1.17-20.14). Ce qui signifie que, sous l'hypothèse de *proportional odds*, ou encore quelle que soit la catégorie de réponse, et quelque soit le temps de visite, DHPP était 4 fois plus efficace que la combinaison ASAQ. Mais cette conclusion était non significative au niveau 99% (IC=0.69-34.26). Par contre, sous le modèle PH, les résultats étaient significatifs à la fois au niveau 95% (HR=2.26 ; IC=1.37-3.73) et 99% (IC=1.13-4.50). Ainsi, la probabilité (ou la chance) d'être sans parasites et sans fièvre, même étant dans les classes d'échec était 2.26 fois plus élevée avec DHPP qu'avec ASAQ. Sous le modèle PH, la combinaison ASMQ était aussi meilleure que ASAQ (HR=5.90, 95% IC=2.46-11.11 ; 99% IC=1.78-19.54). De plus, la combinaison AQSP était moins efficace que ASAQ (HR=0.48 ; 95% IC=0.25-0.92).

Comparaisons indirectes. A partir des comparaisons directes globales, nous étions intéressés par les comparaisons indirectes entre les effets de certains ACTs à savoir AMLM, ASMQ, DHPP, ASCD et ASSP. Avec AMLM comme combinaison de référence, nous avons observé que AMLM était 10 fois plus efficace que AQSP (PO : OR=10.24, 95% IC=1.38-75.75 ; PH : HR=3.08, 95% IC=1.30-7.30). Par contre, avec la combinaison ASMQ, AMLM était moins efficace (PO : OR=0.05, 95% IC=0.00-0.80 ; PH : HR=0.25, 95% IC=0.10-0.71). Aucune différence significative n'était observée entre AMLM et ASCD, AMLM et DHPP, AMLM et ASSP.

Avec la combinaison DHPP comme groupe de référence, aucune différence n'était détectée avec ASCD, ASMQ, et ASSP. Le seul résultat significatif était celui avec le groupe AQSP (PO : OR=23.76, 95% IC=2.76-204.88 ; PH : HR=4.71, 95% IC=2.07-10.71).

83

Table 5.7: Résultats du modèle logistique cumulé et modèle à risques proportionels : approche hétéroscédastique.

Comparateur ASAQ	Modèle PO							Modèle PH						
	Esti	SD	OR	95% IC Inf	95% IC Sup	99.28% IC Inf	99.28% IC Sup	esti	SD	HR	95% IC Inf	95% IC Sup	99.28% IC Inf	99.28% IC Sup
Intercept														
α_1	5.01	0.74						3.37	0.60					
α_2	6.28	0.93						4.38	0.77					
Effets Etude														
Etude 2-1	2.07	0.84	7.89	1.52	40.89	0.82	75.58	1.04	0.30	2.82	1.68	5.06	1.27	6.28
Etude 3-1	0.77	0.37	2.16	1.05	4.44	0.80	5.82	0.49	0.24	1.63	1.01	2.63	0.84	3.14
Etude 4-1	0.22	0.35	1.24	0.63	2.45	0.49	3.16	0.09	0.25	1.10	0.67	1.80	0.56	2.16
Etude 5-1	0.31	0.29	1.37	0.77	2.43	0.62	3.02	0.16	0.20	1.17	0.79	1.74	0.68	2.01
Traitement et temps														
AQ	0.17	0.36	1.18	0.58	2.40	0.44	3.14	-0.01	0.23	0.99	0.63	1.56	0.53	1.84
AQSP	-1.59	0.83	0.20	0.04	1.03	0.02	1.89	-0.74	0.33	0.48	0.26	0.92	0.20	1.17
AMLM	0.74	0.60	2.09	0.64	6.79	0.41	10.55	0.39	0.29	1.48	0.84	2.60	0.68	3.22
ASCD	-0.48	0.80	0.62	0.13	2.94	0.07	5.26	-0.36	0.63	0.70	0.20	2.39	0.13	3.78
ASMQ	3.65	1.23	38.63	3.45	433.10	1.40	1068.09	1.77	0.45	5.90	2.46	11.11	1.78	10.54
ASSP	0.53	0.35	1.69	0.86	3.35	0.66	4.33	0.36	0.26	1.43	0.91	2.25	0.77	2.66
DHPP	1.58	0.73	4.85	1.17	20.14	0.69	34.26	0.81	0.22	2.26	1.37	3.73	1.13	4.50
Jour 21-14	-1.45	0.27	0.24	0.14	0.40			-1.10	0.22	0.33	0.22	0.51		
Jour 28-14	-1.41	0.29	0.25	0.14	0.43			-1.11	0.23	0.33	0.21	0.52		
Variance moyenne sujet														
v	0.65	0.20						0.76	0.15					
s	0.44	0.24						0.36	0.20					
PPP	0.495	0.5						0.97	0.14					

Comparaisons Indirectes

Référence AMLM	Modèle PO					Modèle PH				
	diff	SDdiff	OR	95% CI Inf	95% CI Sup	diff	SDdiff	HR	95% CI Inf	95% CI Sup
AQSP	2.33	1.02	10.24	1.38	75.75	1.13	0.44	3.08	1.30	7.30
ASCD	1.22	1.00	3.39	0.48	23.92	0.75	0.69	2.12	0.55	8.22
ASMQ	-2.92	1.37	0.05	0.00	0.80	-1.40	0.53	0.25	0.10	0.71
ASSP	0.21	0.69	1.23	0.32	4.82	0.03	0.37	1.03	0.50	2.13
DHPP	-0.84	0.94	0.43	0.07	2.73	-0.42	0.39	0.65	0.31	1.40

Référence DHPP	diff	SDdiff	OR	95% CI Inf	95% CI Sup	diff	SDdiff	HR	95% CI Inf	95% CI Sup
AQSP	3.17	1.10	23.76	2.76	204.88	1.55	0.42	4.71	2.07	10.71
ASCD	2.06	1.08	7.86	0.95	64.90	1.17	0.68	3.24	0.86	12.24
ASMQ	-2.07	1.43	0.13	0.01	2.08	-0.96	0.51	0.38	0.14	1.05
ASSP	1.05	0.81	2.87	0.59	13.88	0.46	0.34	1.58	0.80	3.09

5.5.3 Comparaison des réponses prédictes par les différents modèles

Dans le tableau 5.8, nous avons comparé pour 3 patients, leurs réponses prédites à leurs réponses observées (en termes de scores). Le modèle (McL)[1] est le modèle général hétéroscédastique qui inclue tous les paramètres dans le modèle de la variance sujet, et le modèle (McL[2]), celui qui inclue seulement les paramètres significatifs dans le modèle linéaire de variance. Pour le modèle (McL)[2], lorsque nous avons introduit dans le modèle de la variance entre sujets, les effets significatifs du temps, de l'étude 2, des traitement AQSP et DHPP, nous avons observé une amélioration de la prédiction contrairement au modèle (McL)[1]. Les résultats des autres effets restaient inchangés.

Sujets			Scores	
		1=RCPA	2=EPT	3=ECT
1				
	Observé	3	0	0
	Prédit (ML)	2.87	0.078	0.045
	Prédit (McL)[1]	2.90	0.07	0.02
	Prédit (McL)[2]	2.93	0.053	0.012
4				
	Observé	0	1	0
	Prédit (ML)	0.90	0.058	0.041
	Prédit (McL)[1]	0.64	0.22	0.13
	Prédit (McL)[2]	0.64	0.242	0.12
214				
	Observé	2	0	1
	Prédit (ML)	2.51	0.184	0.30
	Prédit (McL)[1]	2.20	0.24	0.56
	Prédit (McL)[2]	2.13	0.251	0.615

Table 5.8: Comparaison des réponses prédites par le modèle global.

5.6 Analyses de sensibilité des résultats

– Résultats de l'imputation

Imputer les réponses manquantes au cours du temps permet, en théorie, de disposer d'un jeu de données complet et donc de pouvoir secondairement, effectuer une analyse en intention de traiter. Nous nous sommes posés la question de savoir quel aurait été le devenir des PDV, des EXCLUS et des échecs, s'ils étaient restés dans l'étude ? Dans le cas particulier des échecs, lorsque celui-ci est constaté, le patient reçoit un autre traitement et sort de l'étude, autrement dit, il est censuré. S'il lui était possible de rentrer dans l'étude sachant qu'il reçoit un nouveau médicament, quelle serait sa réponse ? D'après les résultats de l'imputation du tableau 5.9, nous avons constaté que les probabilités de RCPA ont augmenté au cours du temps. Dans l'ensemble des données imputées, tous ceux qui étaient PDV ou EXCLU sont devenus RCPA au Jour 14, Jour 21 et Jour 28. De même, pour les patients en échec à l'instant t, leurs réponses à l'instant $t + 1$ était RCPA à l'exception d'un seul qui était en ECT au jour 21, et EPT au jour 28 après imputation.

Le fait que le patient soit classé échec au jour 14, et RCPA au jour 21 et 28 laisse imaginer que la dose de médicament administrée à l'inclusion n'était pas complètement éliminée de l'organisme et qu'en plus du traitement reçu, la synergie des 2 actions médicamenteuses a fait que le patient était guéri le jour suivant. Mais cela peut aussi être liée à la méthode d'imputation elle même, qui affecte à la réponse manquante la catégorie la plus observée.

Une autre possibilité d'imputation aurait été de répéter les cas d'échec à partir du moment où ils ont été constatés. Cependant, dans la mesure où nous voulions faire de l'analyse de données répétées, nous avons pensé qu'il était mieux de laisser l'échec au jour où il s'est produit.

L'approche *per protocol* sur les données complétées (tableau 5.10) permet de confimer les résultats obtenus au tableau 5.7 sous le modèle logit, à la seule différence que, la PPP a augmenté.

	J14	J21	J28	Fréquence Données non corrigées
1	RCPA	RCPA	RCPA	712 (89.55%)
2	RCPA	RCPA	EPT	21 (2.64%)
3	RCPA	RCPA	ECT	14 (1.76%)
4	RCPA	EPT	RCPA	20 (2.51%)
5	RCPA	ECT	RCPA	20 (2.51%)
6	RCPA	ECT	EPT	1 (0.12%)
7	EPT	RCPA	RCPA	5 (0.62%)
8	ETP	NA	NA	0
9	ECT	RCPA	RCPA	2 (0.25%)
Total				795

Table 5.9: Fréquence d'apparition des combinaisons de réponses au cours des évaluations répétées dans les essais J28. Réponses non corrigées

Coefficients	Moyenne	SD	MC erreur	2.5%	Mediane	97.5%
α_1	4.687	0.583	0.028	3.693	4.647	5.956
α_2	5.88	0.716	0.034	4.682	5.824	7.431
Etude 2-1	2.292	0.940	0.053	0.869	2.172	4.397
Etude 3-1	0.862	0.379	0.015	0.168	0.847	1.673
Etude 4-1	0.271	0.359	0.013	-0.424	0.266	1.004
Etude 5-1	0.361	0.273	0.010	-0.175	0.354	0.906
AQ	0.3593	0.348	0.013	-0.307	0.351	1.074
AQSP	-1.743	0.927	0.050	-3.876	-1.631	-0.296
AMLM	0.759	0.653	0.026	-0.344	0.692	2.281
ASCD	-0.190	0.447	0.017	-1.036	-0.198	0.724
ASSP	0.555	0.339	0.014	-0.086	0.546	1.273
DHPP	1.589	0.687	0.033	0.536	1.492	3.161
Jour 21-14	-1.364	0.267	0.010	-1.916	-1.355	-0.863
Jour 28-14	-1.23	0.271	0.010	-1.793	-1.220	-0.726
PPP	0.768	0.421	0.0045	0.0	1.0	1.0

Table 5.10: Résultats du modèle logistique cumulé hétéroscédastique à partir des données complètes. Analyse per protocol.

Résultats basés sur l'analyse ITT

Sous l'hypothèse que tous les sujets des groupes PDV et EXCLUS ont été suivis et que tous les sujets en échec reviennent aux évaluations suivantes jusqu'à J28. (alors qu'en réalité ils ont reçu, pour des raisons éthiques évidentes, un traitement alternatif).., quel aurait été l'effet du médicament administré à l'inclusion ? Les résultats figurant dans le tableau 5.11 essayent d'apporter une réponse à ce questionnement. Ils apparaissent en accord avec les résultats du tableau 5.7.

Coefficients	Moyenne	SD	MC erreur	2.5%	Mediane	97.5%
α_1	4.585	0.530	0.026	3.595	4.556	5.707
α_2	5.754	0.645	0.031	4.585	5.712	7.136
Etude 2-1	2.195	0.811	0.045	0.904	2.086	4.187
Etude 3-1	0.843	0.374	0.015	0.182	0.816	1.644
Etude 4-1	0.270	0.391	0.015	-0.468	0.258	1.1
Etude 5-1	0.341	0.257	0.001	-0.148	0.332	0.878
AQ	0.264	0.334	0.013	-0.363	0.254	0.963
AQSP	-1.656	0.801	0.043	-3.583	-1.548	-0.371
AMLM	0.734	0.639	0.025	-0.323	0.663	2.188
ASCD	-0.132	0.468	0.019	-1.081	-0.133	0.795
ASSP	0.555	0.344	0.014	-0.072	0.537	1.278
DHPP	1.62	0.689	0.033	0.548	1.527	3.207
Jour 21-14	-1.249	0.244	0.009	-1.732	-1.250	-0.763
Jour 28-14	-1.108	0.243	0.009	-1.586	-1.107	-0.622
PPP	0.746	0.435	0.0045	0.0	1.0	1.0

Table 5.11: Résultats du modèle logistique cumulé hétéroscédastique à partir des données complètes. Analyse en intention de traiter.

5.7 Discussion

L'objectif de cette partie était de proposer une méthode de comparaison de multiples traitement dans une méta-analyse, où le critère principal d'évaluation est un critère catégoriel répété à 3 instants. Pour cela, nous avons proposé un modèle linéaire généralisé à effets mixtes, dans lequel la variance des effets aléatoires sujet est, elle même, modélisée au moyen d'un modèle linéaire à effets mixtes. La modélisation a reposée soit sur le modèle logistique cumulé, soit le modèle utilisant le lien log-log complémentaire, où l'effet traitement est supposé constant à travers toutes les catégories de réponse. Différents modèles ont été étudiés. Nous nous sommes intéressés à leur capacité de prédiction.

L'avantage d'une modélisation de la variance réside dans le fait que plusieurs sources de variations sont prises en compte : le type de traitement et son intensité au cours du temps, le nombre d'observations (très petit) variant d'un sujet à l'autre. Le modèle supposait les effets traitement et temps fixés. Le fait de combiner une moyenne de population et un effet sujet aléatoire permet de traiter ces sources de variation. Une conséquence de cette modélisation est la sensibilité du modèle. L'"inconvénient" est que les mêmes variables du modèle de base sont inclus dans le modèle de variance du fait que nous étions confrontés au problème de convergence en prenant des paramètres différents liés aux variables. Sous le modèle cloglog, le DIC n'a pas convergé. Nous avons aussi eu des difficultés lors de l'ajustement du modèle avec le lien probit.

Nous avons utilisé une technique d'inférence bayésienne basée sur le Gibbs sampling. Cette technique est particulièrement importante car il a été démontré que certaines procédures basées sur des approximations de la vraisemblance conduisaient à des biais importants à la fois sur les effets fixes et effets aléatoires.

Sous SAS, nous avons rencontré des problèmes de convergence lorsque nous ajustions le modèle étude+traitement+temps avec la procédure GLIMMIX. Celle-ci n'a pas réussit à fournir une convergence des estimations liée certainement aux difficultés d'intégration numérique. Le modèle d'interaction à effets fixes/aléatoires traitement et temps n'a pas convergé.

Aussi le choix d'une fonction de lien reste une étape importante selon l'interprétation qu'on souhaite donner aux effets du traitement. Sous le lien logit, l'exponentielle d'un paramètre est un odds ratio cumulé d'un sujet ayant reçu un traitement ou ayant une caractéristique par rapport à ce même sujet supposé avoir reçu un autre traitement et avoir une caractérisque autre que la première. Sous la fonction de lien cloglog, l'exponentielle d'un paramètre donné est un risque ratio c'est-à-dire le rapport des fonctions de survie pour deux caractéristiques différentes d'un même sujet. Nous pensons que la fonction de lien cloglog serait plus adaptée à l'analyse des données du paludisme. A la suite de Foulley et al (2010), la prise en compte de l'hétérogénéité dans un modèle de données ordinales offre beaucoup d'avantage par rapport au modèle homoscédastique. Une autre possibilité serait, comme proposé par Foulley et al ([30]), de considérer la variance sujet constante et de modéliser la variance des résidus. Ce travail reste à notre connaissance, une nouvelle approche de comparaison des antipaludiques pour le traitement de la malaria.

Dans l'analyse que nous avions faite au moyen d'une réponse binaire au chapitre 3, nous n'avions pas observé de différence significative entre DHPP et ASAQ. Le fait de prendre en compte le caractère répété ordinal de la variable réponse a permis de détecter une différence significative entre DHPP et ASAQ. Ceci n'est pas forcément étonnant du fait du surcroit d'information apporté par la prise en compte du temps et des catégories de réponses des individus. Les résultats ont montré que la combinaison DHPP était plus efficace que la combinaison ASAQ. Ce résultat n'infirme pas ce qui avait été obtenu à partir de la comparaison des taux de RCPA, où ASAQ était apparue moins efficace que DHPP

(OR=0.12; IC 95% IC=0.02-0.52). Nous avons noté, au moyen de l'ajustement indirect, que AMLM était moins efficace que ASMQ. Cependant, il pourrait y avoir un biais dans ce dernier résultat car, l'évaluation finale de la méfloquine était faite au Jour 42 du fait de sa demi-vie d'élimination contrairement à la combinaison AMLM dont l'évaluation de fin a eu lieu au Jour 28. A partir du modèle d'interaction, la combinaison ASCD est apparue la plus inefficace. L'efficacité des combinaisons ASAQ, AMLM, et DHPP comparée à celle de AQSP, a confirmé la supériorité des ACTs sur les non-ACTs. Les combinaisons ASMQ et DHPP pourraient être des alternatives après ASAQ et AMLM. Au Cameroun, deux politiques nationales sont reconnues pour la lutte contre le paludisme. Il s'agit des combinaisons ASAQ et AMLM. Les résultats ont montré une égalité d'efficacité entre ces deux stratégies thérapeutiques. L'analyse de sensibilité a montré que les résultats restaient inchangés.

Dans la recherche bibliographique mentionnée dans la discussion du chapitre 3, les résultats étaient obtenus à partir des comparaisons des taux de succès ou d'échec, corrigés par PCR, des comparaisons des taux de gamétocytes, et aussi des comparaisons des courbes de Kaplan Meier ([58]). A partir des données d'un essai [51], il avait été conclu que DHPP était plus efficace que ASAQ. Une étude ([53]) avait confirmé la supériorité de DHPP comparée à AMLM malgré le fait que AMLM éliminait rapidement les gamétocytes ([52]). Finalement, pour d'autres, DHPP et AMLM étaient à efficacité comparable [54]. Les auteurs comme Hutagalung (2005) et Sagara (2008) ont montré que les combinaisons AMLM et ASMQ sont à efficacité comparable. Nos résultats de comparaison indirecte indiquent que AMLM est moins efficace que ASMQ, confirmant le fait que les résultats des comparaisons indirectes ont l'habitude, mais pas toujours, d'être en accord avec les essais où les stratégies sont directement comparées (*head to head trials*) [64]. A la suite de Faye (2010) [57], la combinaison ASMQ serait plus adaptée aux enfants Africains. Une autre alternative serait la combinaison DHPP.

Certains de ces résultats ont déjà été obtenus (sous la base des proportions de RCPA corrigées/non corrigées) en combinant des données de la littérature (dont les unes ont été citées dans le paragraphe qui précède) [60]. Il apparaissait que DHPP était la meilleure combinaison thérapeutique.

Le biais lié aux comparaisons indirectes ajustées reste un sujet de travail. Ces biais pourraient être liés à l'hétérogénéité des essais, aux protocoles d'études différents, à la présence de différents groupes d'âge, aux durées de suivi différentes. Dans notre cas, les résultats ont été obtenus sous la base d'essais standardisés, même durée de suivi, même région d'étude, même groupe de population reconnu comme population à caractéristiques homogènes [3]. Par conséquent, ces résultats seraient moins biaisés. Cependant, il serait nécessaire d'évaluer la qualité des effets indirects, leur validité, et même leur consistance [21].

Ce travail reste un cas particulier de celui développé par Lu et al [65] où les temps de suivi diffèrent d'un essai à l'autre [61]. L'une des limites de cette partie du travail est qu'il s'est fait uniquement sur les données du Cameroun et uniquement sur des données non-corrigées. Nous nous sommes limités aux seules covariables d'intérêt traitement et temps, ainsi qu'aux covariables d'inclusion. On pourrait aussi étudier un effet dose du médicament sur la réponse. Cela pourrait conduire aux modèles d'interaction dose-traitement.

L'exemple étudié est particulièrement intéressant dans un contexte où des analyses de coût-efficacité et décisions médicales sont faites au sein d'un pays donné, en particulier le Cameroun.

Par ailleurs, la notion de censure apparait comme un point important dans la prise en compte des données individuelles. Ces premières analyses ont ignoré la censure impliquée par l'apparition des échecs. Une deuxième analyse considéra la notion de censure dans le modèle utilisé. Il est donc envisageable d'insérer cette information dans les recherches futures.

Prise en compte du critère catégoriel
OMS répété dans le temps

Chapitre 6

Calibration d'une étude dont le critère principal est ordinal

Dans les essais qui ont constitué la source de données sur laquelle nous avons pu travailler, la taille de chaque bras de traitement était de 50 enfants, correspondant à une taille habituelle pour les chercheurs dans le domaine des essais d'évaluation des antipaludiques. Le but en est essentiellement d'apprécier avec une précision minimale l'efficacité de l'agent ou de la combinaison d'agents testés, dans le but de rejeter des produits n'atteignant pas une efficacité minimale. Cependant, ces essais ne reposent pas sur un calcul de puissance minimale permettant de comparer les traitements entre bras.

Dès lors que nous entrons dans une démarche méta-analytique de synthèse quantitative, il peut être intéressant de revoir la question de la calibration de ces bras de traitements pour atteindre des effectifs minimaux par essai ou après réunion des données pour permettre ces comparaisons entre bras de traitement avec une puissance contrôlée.

Ce chapitre aborde, dans un premier temps, le cas d'un critère binaire simple *succès/ échec*, puis le cas d'un critère ordinal. Ces deux situations sont abordées, d'une part, dans le cas d'une évaluation finale unique à un temps donné (J28 dans le protocole OMS actuel), d'autre part, dans le cas d'une évaluation à des temps répétés. Nous avons orienté notre travail vers des méthodes validées et facilement implémentables notamment sous R.

6.1 Cas d'un critère binaire

6.1.1 Analyse à un temps unique

Le cas d'un critère binaire renvoie au cas classique de calibration d'un essai clinique sur la base d'un critère quantitatif comme une différence de pourcentage, un OR ou un RR, avec connaissance ou non préalable du taux de succès attendu dans le bras de référence. De nombreuses fonctions sont disponibles sous R dans les packages suivants

- Package epiR *epi.studysize* : Comparaison de moyennes, proportions, survies
- Package epicalc :
  - *n.for.2p* : Comparaison 2 proportions

- *n.for.cluster.2p* : Comparaison 2 proportions en cluster
- *n.for.equi.2p* :
- *n.for.lqas*
- *n.for.noninferior.2p*
- *power.for.2p* : puissance dans le cas 2 proportions
- package Hmisc *samplesize.bin* : calibration pour 2 proportions
- package Design
- Package pwr
  - *ES.h* Taille d'effet pour des proportions
  - *pwr.2p.test* Calcul de puissance pour 2 proportions (même taille)
  - *pwr.2p2n.test* Calcul de puissance pour 2 proportions (tailles différentes)
  - *pwr.anova.test* Calcul de puissance pour des tests dans une ANOVA
  - *pwr.chisq.test* Calcul de puissance pour un test de chi-2
  - *pwr.f2.test* Calcul de puissance dans le cadre d'un glm model
  - *pwr.p.test* Calcul de puissance pour un test sur une proportion (un échantillon)
- package gsDesign Package dévolu aux plans séquentiels mais contenant des fonctions correspondant à des analyses à un temps fini, avec notamment des calibrations pour des situations de non infériorité, qui peuvent être particulièrement intéressantes dans le cadre de l'évaluation des antipaludiques.
  - *nBinomial* : calibration en supériorité ou non- infériorité
  - *testBinomial,ciBinomial, simBinomial* sont des fonctions permettant de calculer la grandeur test pour deux proportions, l'intervalle de confiance de la différence, simuler, respectivement, dans les situations soit de supériorité, soit de non- infériorité.

Dans le cas plus particulier des librairies *Hmisc* et *Design* [42], pour déterminer la taille de l'échantillon sous la base d'un critère de jugement binaire univarié, il faut spécifier le risque de première espèce, de deuxième espèce, les probabilités de succès/échec dans les groupes traité et contrôle, et enfin, la fraction de sujet à allouer au groupe traité. Nous illustrons cette méthode à partir des proportions de succès aux ACTs observées dans les essais J28 dont le critère de jugement était à J28. Les résultats sont donnés dans la table 6.1. Cette table répond à la question : quelle taille totale faut-il pour détecter à 80% une différence entre la proportion de succès p_1 du groupe 1, et la proportion de succès p_2 du groupe 2 avec un risque d'erreur de 5% ?

Essais	Groupe 1 p_1	Groupe 2 p_1	Taille totale N calculée
1	43/60	50/61	411
2	55/67	61/69	772
3	52/62	58/61	172
4	53/83	73/85	92
5	73/92	84/91	170

Table 6.1: Essais J28 : effectif total nécessaire.

6.1.2   Analyse à des temps répétés

Nous présentons ici les grandes lignes de la méthode proposée par Rochon [66]. Celle- ci rentre dans le cadre général proposé par Liang & Zeger [67] des équations d'estimations généralisées (GEE), qui ne font pas d'hypothèses particulières sur les distributions sous- jacentes et sont relativement robustes aux mauvaises spécifications sur les moments d'ordre supérieur aux deux premiers moments (espérance et variance).

Notations et généralités

Dans tout ce qui suit, nous nous placerons dans la situation des essais Cameroun J28, avec comparaison de deux traitements ($m = 1, 2$), sur un critère binaire observé à 3 reprises ($t = 1, 2, 3$)

Nous désignons par Y_{mitk} la réponse du sujet i du groupe de traitement m au temps t correspondant à la classe de réponse binaire $k = (k = 0, 1)$ et par π_{mitk} la probabilité correspondante qui est telle que $E(Y_{mitk}) = \pi_{mitk}$. Si nous supposons qu'il existe une fonction de lien $h(\pi_{mitk}) = X_m^T.\beta$ où X correspond aux p covariables observées, et que la variance peut s'exprimer sous la forme d'une fonction $V_{mi} = g(\mu_{mi})$, Liang & Zeger ont montré qu'il était possible d'obtenir des estimateurs consistants des paramètres inconnus du modèle en résolvant l'équation suivante

$$\sum_{sujet=1}^{sujet=N} D_{sujet}^t V_{sujet}^{-1}(Y_{sujet} - \mu_{sujet}) = 0$$

où N désigne le nombre total de sujets étudiés, $D_{sujet} = \frac{\partial mu_{sujet}}{\partial \beta} = \frac{\partial mu_{sujet}}{\partial h} X_{sujet} = \Delta_{sujet} X_{sujet}$ est une matrice $T \times p$; V_{sujet} est une matrice de variance- covariance $T \times T$. Les données répétées issues d'un même sujet présentent une structure de covariance V_m qui peut s'écrire

$$V_m = \Psi A_m^{1/2}.R.A_m^{1/2} \quad A_m = diag\left[g(\mu_{mt_1}), g(\mu_{mt_3}), g(\mu_{mt_3})\right]$$

où R est une matrice dite *de travail* qui reflète le degré de corrélation entre les mesures chez un même sujet dans le temps, Ψ, un paramètre positif de dispersion relative, qui peut être mis à 1 au stade planification d'étude, sauf informations contraires.

Equations finales

En supposant que tous les sujets appartenant au même groupe de traitement et avec les mêmes covariables ont les mêmes caractéristiques, il est possible de montrer qu'un estimateur du vecteur inconnu des paramètres β est le suivant

$$\hat{\beta} = \left[\sum_m X_m' W_m X_m\right]^{-1} \left[\sum_m X_m' W_m h(\mu_m)\right] \quad W_m = \Delta_m.V_m^{-1}.\Delta_m$$

Dans le cas d'un modèle théorique sous- jacent, $\hat{\beta}$ a pour matrice de covariance

$$cov(\hat{\beta}) = n^{-1}.\left(\sum_m D_m'.V_m.D_m\right) = n^{-1}.\Omega_{\mathbf{M}}$$

En absence d'un tel modèle sous-jacent théorique, il est possibe de proposer une matrice de covariance robuste, dite *sandwich*, pour $\hat{\beta}$

$$cov(\hat{\beta}) = n^{-1}.\left(\sum_m \hat{D}'_m.\hat{V}_m.\hat{D}_m\right)^{-1}\left[\sum_m \hat{D}'_m.\hat{V}_m^{-1}.\hat{\Gamma}_m.\hat{V}_m^{-1}.\hat{D}_m\right]\left(\sum_m \hat{D}'_m.\hat{V}_m.\hat{D}_m\right)^{-1} = n^{-1}.\Omega_{\mathbf{R}}$$

où $\hat{\Gamma}$ est une estimation de la vraie matrice de variance-covariance des observées Y_{sujet} Γ

Comparaison d'hypothèses

Si nous associons à l'hypothèse H_0 une certaine combinaison ou expression linéaire H des paramètres telle que $H\beta = 0$ *versus* $H\beta = \delta$ sous H_1, la statistique de Wald associée à la grandeur statistique $H\beta$

$$Q_W = n(H\hat{\beta} - 0)'\left[H.\Omega.H'\right]^{-1}(H\hat{\beta} - 0)$$

suit,sous H_0, une loi de Chi-2 centrée à p degrés de liberté, à laquelle on peut associer un seuil $S_{1-\alpha}$ pour un niveau de risque α donné. Sous H_1, Q_W suit une loi chi-2 décentrée de paramètre $\lambda \approx n(H\hat{\beta} - 0)'\left[H.\Omega.H'\right]^{-1}(H\hat{\beta} - 0)$. La puissance associée au risque de type 2 γ, sous H_1 peut s'exprimer sous la forme suivante

$$1 - \eta = \int_{S_{1-\alpha}}^{\infty} f(x, h, \lambda)dx$$

h désigne dans toutes ces équations le nombre de degrés de liberté qui correspond à la dimension de H

6.1.3 Algorithme

- **Etape 1** Choix du risque $\alpha = 0.05$ et de la puissance $1 - \eta = 0.80$ et du nombre de sous-groupes, dont les groupes de traitements, ici choisi égaux à 2
- **Etape 2** Choix du critère principal binaire RCPA/ non RCPA . Choix du nombre de visites dans le temps, $T = 3$ pour les protocoles J28, correspondant aux jours 14, 21 et 28
- **Etape 3** Choix des probabilitès de référence au cours du temps et du gain attendu à tester du nouveau traitement. Choix du lien entre la probabilité de succès / échec et les covariables, sous forme d'un lien logit (*proportional odds*). Nous avons vu que d'autres liens sont possibles (probit, clog-log)
- **Etape 4** Choix des matrices de plan d'expérience (design matrix) X_m

$$X_1 = \begin{bmatrix} 1 & 0 \\ 1 & 0 \\ 1 & 0 \end{bmatrix} \quad X_2 = \begin{bmatrix} 0 & 1 \\ 0 & 1 \\ 0 & 1 \end{bmatrix}$$

- **Etape 5** Spécification de la matrice de corrélation de travail R, qui peut être diagonale (indépendance), symétrique, autorégressive ou avec une forme intermédiaire
- **Etape 6** Calcul du $\hat{\beta}$ estimé et de sa variance
- **Etape 7** Estimation du λ de décentrage de la loi du Chi-2 sous l'hypothèse alternative : calcul de la puissance *a posteriori* ou algorithme itératif d'estimation de la taille par groupe pour atteindre une puissance donnée

6.2 Cas d'un critère ordinal

6.2.1 Critère ordinal évalué à un temps unique

Dans le cas d'un critère ordinal univarié, Whitehead [68] a proposé une approche qui permet soit de calibrer *a priori* un essai lors de l'étape de planification, soit de calculer *a posteriori* la puissance d'un test de comparaison effectué sur un critère ordinal. Cette méthode repose sur le modèle de rapport de côtes proportionels ("proportional odds") déjà utilisé (cf chapitre 2). En pratique, cette méthode est implémentée dans le Package *Hmisc* et correspond à la fonction *posamsize*.Le test de la puissance *a posteriori* étant donné par la fonction *popower*.

   – **Utilisation des fonctions posamsize et popower**

    – **Application aux essais 2003**

Nous considérons l'essai multicentrique 2003 analysé au chapitre 4. Dans cette étude, un total de 519 patients avait été analysé au Jour 14 car 19 patients étaient des perdus de vue. Un résumé de cet essai pour les 3 centres est donné à la table 6.2. Le but était de comparer AQ, SP et AQSP soit 3 comparaisons possibles.

Traitement	n inclus	n analysés	ETP	ECT	EPT	RCPA
AQ	179	174	2	0	2	170
AQSP	183	173	0	0	1	172
SP	176	172	12	2	4	154
Total	538	519	14	2	7	496

Table 6.2: Résumé de l'essai 2003.

Le calcul de la taille suppose de spécifier dans la fonction *posamsize* un vecteur de probabilité marginale, moyenne pondérée des probabilités des deux bras considérés par exemple, l'odds ratio souhaité être mis en évidence, la fraction de sujets alloués au groupe 1 (nous avons supposé des groupes de même taille), un risque $\alpha = 0.05$ et la puissance souhaitée $1 - \beta = 0.80$.

Le calcul d'une puissance *a posteriori* avec la fonction *popower* nécessite de fournir les probabilités observées dans chaque bras, le nombre de sujets par bras, l'odds raio de l'étude ainsi que le risque α.

La table 6.3 illustre les principales méthodes à partir des l'essai multicentrique comparant AQ, SP et leur combinaison AQSP. Les probabilités marginales sont calculées sur le nombre de sujets analysés. Les tailles N ont été obtenues à partir d'informations sur le OR, extraites des analyses. La puissance de l'étude après sa réalisation a ensuite été calculée à partir du nombre total d'inclus pour les 2 groupes.

Les résultats montrent qu'un total de 140 sujets, soit 70 par groupe aurait permit de détecter à 80% un OR de 0.14 entre SP et AQ. On s'aperçoit que pour l'essai multicentrique comparant SP à AQ pour un total de 346 sujets, sous l'hypothèse de "proportional odds" la puissance estimée de l'étude après sa réalisation est de 99%. L'étude a donc permis de détecter à 99% un OR de 0.14. Par contre l'étude avait une puissance très faible de 0.08, pour détecter une différence entre AQSP et AQ pour un total de 345 sujets. Il aurait fallu 7883 sujets pour détecter à 80% une différence significative. Une taille de 7883 n'est pas étonnante dans ce cas car peu d'informations étaient contenues dans les classes d'échec. En général, lorsque la prévalence attendue est faible, la taille d'échantillon est très grande.

Comparaison	OR	RCPA	EPT	ECT	ETP	N	Puissance
SP vs AQ	0.145	0.936	0.0173	0.005	0.0406	140	0.993
AQSP vs AQ	1.7	0.985	0.0086	0	0.0057	7883	0.087

Table 6.3: Taille et puissance d'une étude à partir d'un critère catégoriel univarié. N est la taille totale nécessaire pour détecter un OR à 80% ; Puissance est la puissance de l'étude après sa réalisation.

Un arbre de décision pratique entre les différentes méthodes dans le cas ordinal à temps unique d'évaluation ainsi que les formulaires correspondant ont été proposé par J Walters ([69]). Des méthode de calibration non paramétriques ont été proposées qui paraissent particulièrement intéressante dans la cas d'échantillons *a priori* petits et/où lorsque les approximations asymptotiques de normalité ne s'appliquent pas. Elles se heurtent aux difficultés de génération de toutes les combinatoires. Récemment, Wan ([70]) a proposé un algorithme itératif permettant de surmonter ces difficultés, raisonnablement.

6.3 Cas d'un critère ordinal répété dans le temps

Dans le cas d'une réponse catégorielle répétée, Kim et al [35] ont proposé une méthode de calcul de la taille de l'échantillon qui généralise la méthode proposée par Rochon [66] pour données binaires répétées. A notre connaissance, cette méthode n'a pas encore été implémentée sous R.

Notations et généralités

Dans tout ce qui suit, nous nous placerons dans la situation des essais Cameroun J28, avec comparaison de deux traitements ($m = 1, 2$), sur un critère catégoriel ordinal à 4 classes ($k = 1, 2, 3, 4$), observé à 3 reprises ($t = 1, 2, 3$)

Nous désignons par Y_{mitk} la réponse du sujet i du groupe de traitement m au temps t correspondant à la classe de réponse ordinale k, ($k = 1, .., K = 4$) et par π_{mitk} la probabilité correspondante qui est telle que $E(Y_{mitk}) = \pi_{mitk}$.

En reprenant le modèle à rapport de côtes prortionnel (*proportional odds*) déjà utilisé, si Q_{mitk} désigne la probabilité cumulée $\sum_{j=1}^{j=k} \pi_{mitj}$, nous supposons qu'il existe une fonction de lien $h(Q_{mitk}) = X^T.\beta$ ($k = 1, 2, 3 = (K - 1)$) où X correspond aux p covariables observées, et que la matrice de variance- covariance peut s'exprimer sous la forme d'une fonction $g(\mu_m)$, il est possible de se ramener à une formulation identique à celle vue dans le cas binaire, avec une dimensionnalité plus importante, puisque, à chaque temps et dans chaque groupe de traitement, il y a $(K-1) = 3$ observations, soit un total sur tous les temps d'observations de $T(K - 1) = 9$ observations par sujet.

Les matrices *design* X_m sont des matrices ($T(K - 1) \times ((K - 1) + 1)$) dut fait des $(K - 1)$ paramètres supplémentaires du modèle correspondant aux valeurs de coupures de la variable latente associée du modèle $\gamma_1 \leq \gamma_2 \leq \gamma_{K-1}$ en plus de l'effet traitement. Les deux types de matrices X_1 et X_2 sont

$$X_1 = \begin{bmatrix} 1 & 0 & 0 & 0 \\ 0 & 1 & 0 & 0 \\ 0 & 0 & 1 & 0 \\ 1 & 0 & 0 & 0 \\ 0 & 1 & 0 & 0 \\ 0 & 0 & 1 & 0 \\ 1 & 0 & 0 & 0 \\ 0 & 1 & 0 & 0 \\ 0 & 0 & 1 & 0 \end{bmatrix} \quad X_2 = \begin{bmatrix} 1 & 0 & 0 & 1 \\ 0 & 1 & 0 & 1 \\ 0 & 0 & 1 & 1 \\ 1 & 0 & 0 & 1 \\ 0 & 1 & 0 & 1 \\ 0 & 0 & 1 & 1 \\ 1 & 0 & 0 & 1 \\ 0 & 1 & 0 & 1 \\ 0 & 0 & 1 & 1 \end{bmatrix}$$

Les matrices Δ_1 et Δ_2 sont des matrices diagonales $T(K - 1) \times T(K - 1)$ constituées à partir des $Q_{mitk}(1 - Q_{mitk})$.
La matrice de variance- covariance est plus complexe. Elle se compose de $TxT = 9$ blocs carrés de taille $(K-1) \times (K-1) = 3 \times 3$

- $T = 3$ blocs diagonaux correspondant à la répétition de la matrice de variance- covariance $A_m = (a_{mkj})$ entre les réponses (Y_{mitk}, Y_{mitj}) pour un sujet donné à un temps donné t, où $a_{mkk} = \pi_{mk}(1 - \pi_{mk})$ et $a_{mkj} = -\pi_{mj}\pi_{mk}$, comme déjà vu auparavant.

- 6 blocs anti- diagonaux qui reflètent le degré de covariance entre des catégories de réponses à des temps différents. Il est postulé, ici, que cette dépendance est construite autour de deux paramètres ϕ_1, ϕ_2, le premier correspondant à la corrélation entre les réponses entre Y_{mitk} et Y_{misk} dans la même classe aux deux instants différents t, s, le second correspondant à la corrélation entre les réponses entre Y_{mitk} et Y_{misj} ($k \neq j$ aux deux instants différents t, s. Cette corrélation est supposée atténuée en fonction de la différence de temps $|t - s|$ selon un mécanisme identique à celui vu dans le cas binaire en $\phi_l^{|t-s|^\theta}$, $l = 1, 2$

– Quelques précautions supplémentaires doivent être prises dans le calcul de V_m en introduisant la transposée des matrices A_m

$$V_m = \Psi t(A_m^{1/2}).R.A_m^{1/2} \text{où} \quad A_m = diag\,[g(\mu_{mt_1}, \mu_{mt_3}, \mu_{mt_3}]$$

Les matrices A_m ne sont plus diagonales et les matrices $A_m^{1/2}$ sont obtenues à partir de leur décomposition singulière et leurs valeurs propres.

Comparaison d'hypothèses

On retrouve l'expression déjà vue dans le cas binaire pour comparer deux hypothèses H_0 *versus* H_1 avec la statistique de Wald faisant intervenir une loi de Chi-2 décentrée.

Dans le cas du test d'un effet traitement, la combinaison linéaire des 4 paramètres estimés ne concerne en fait que le seul effet traitement, avec un effet supposé identique sur les logit entre classes. La forme linéaire H prend donc l'allure suivante

$$H = [0\,0\,0\,1] \Rightarrow H\beta = \beta_4 \text{ qui correspond au seul effet traitement}$$

Algorithme

Nous retrouvons un algorithme en 7 étapes identiques à celui détaillé dans le cas d'un critère binaire avec cependant des modifications importantes aux étapes suivantes

– **Etape 2** Choix du critère principal ordinal et définition de sa taille, $K = 4$ dans le cas du critère ordinal OMS. $T = 3$ dans le cas des essais J28

– **Etape 4** Choix des matrices de plan d'expérience X_1, X_2 de dimension $T(K - 1) \times (K - 1) + 1 = 9 \times 4$

– **Etape 5** Choix de la matrice de corrélation de travail R de dimension $T(K - 1) \times T(K - 1) = 9 \times 9$ avec l'aide des deux coefficients ϕ_1, ϕ_2 et θ

Résultats

Une première série de calcul a supposé les tailles également répartis entre deux groupes de traitements dans des essais à deux bras. Nous avons fait varier le paramètre d'effet traitement β_4 selon les valeurs extraites des analyses J28 (table 6.4), ainsi que la taille de l'échantillon de 100 à 500 [35]. Pour chaque valeur de β_4 et N, nous avons rechercher la puissance correspondance et l'avons comparé à la puissance attendue de 80%. La taille optimale était déduite lorsque cette puissance différait de moins de 10^{-3} de la puissance chercheée, 80%.

Le temps de calcul augmente aussi avec la taille de l'échantillon, en lien avec le calcul de la matrice de variance covariance des paramètres. Pour le logarithme du OR correspondant à 2.6, la puissance estimée est de 80.04%, soit une différence de 10^{-4} de la puissance attendue. Ce qui correspond à une taille de 100 sujets, soit 50 sujets par bras de traitement. Et donc pour détecter à 80% une différence d'effet traitement de 2.6, sous l'hypothèse que cette différence est la même d'une catégorie de réponse à l'autre, il faudra prendre 50 sujets par groupe. Pour le logarithme de l'effet traitement valant 0.53, il faudra augmenter la taille de l'échantillon pour atteindre une puissance de 80%, et donc pour détecter à 80% un OR de $e^{0.53} = 1.7$, il faut prendre $N > 500$ sujets.

β_4	OR	R	Taille totale N				
			100	200	300	400	500
0.17	1.2	AR1	0.096*	0.0697	0.0697	0.0697	0.0697
0.53	1.7	AR1	0.1511	0.1515	0.1516	0.1517	0.1518
0.74	2.1	AR1	0.173	0.174	0.174	0.174	0.174
		Sym	0.244	0.245	0.246	0.246	0.246
2.40	11.0	AR1	0.461	0.462	0.463	0.463	0.463
		Sym	0.548	0.550	0.551	0.552	0.552
2.6	13.5	AR1	0.800	0.802	0.803	0.803	0.804
		Sym	0.899				
3.0	20	AR1	0.999				

Table 6.4: Taille et puissance correspondante d'une étude en données ordinales à 4 classes, avec 3 temps d'observations. **R** désigne le modèle de structure de covariance de type auto-régressif d'ordre 1 (AR1) ou symétrique (Sym). β_4 est le coefficient de l'effet traitement. Sa valeur correspondante $OR = exp(\beta_4)$. * désigne la puissance $1 - \eta$.

6.4 Discussion- Conclusion

Dans son protocole 2003, l'OMS a proposé pour l'évaluation d'un traitement antipaludique un minimum de 50 sujets. Cette valeur a été calibrée sur la base d'une proportion d'échec anticipée inférieure ou égale à 15%, d'un risque absolu de 10% et d'un niveau de confiance de 95%. Le choix d'une proportion anticipée maximale de 15 % ne reflétait pas forcément la proportion observé d'échecs actuellement. Dans la mesure où les ACTs n'étaient pas encore largement utilisés en Afrique, les taux d'échecs n'étaient pas bien estimés en population générale. A partir de l'année 2004, suivant les recommandations de l'OMS, plusieurs pays africains ont adopté des combinaisons à base d'artémisine pour le traitement de l'accès palustre. Plusieurs études ont été maintenant publiées comparant différentes modalités de traitement.

Dans ce chapitre, nous avons donné un aperçu de méthodes adaptées pour déterminer *a priori*, au stade de planification, la taille d'un essai. Ces méthodes nécessitent la connaissance du type de critère de jugement, qui peut être continu, binaire ou ordinal. Nous avons implémenté ces différentes méthodes sous R et illustré leur application. Dans le cas plus particulier d'un critère de jugement évalué à des temps répétés, l'intérêt réside dans la possibilité de mettre en évidence un effet traitement qui apparaitrait au cours du temps. Cependant, dans ce travail, nous nous sommes limités à l'hypothèse d'un effet traitement constant au cours du temps et identique par catégorie de réponse. D'autres hypothèses pourraient être explorées en fonction des propriétés des combinaisons testées concernant leur effet dans le temps.

A l'heure actuelle, les ACTs ont une proportion de succès complet (RCPA) supérieure à 80%, ce qui laisse peu d'information disponible dans des essais de taille limitée pour une évaluation précise des proportions dans les 3 autres classes. De ce fait, l'illustration donnée reste imparfaite car reposant sur des valeurs de référence très imprécises. Par contre, une meilleure précision pourrait être obtenue en rassemblant un plus grand nombre d'études J28.

Actuellement, compte- tenu de la bonne efficacité d'ensemble des ACTS, les choix entre stratégies médicamenteuses notamment en terme de santé publique se posent essentiellement en terme de baisse des effets secondaires qu'ils soient immédiats (tolérance chez l'enfant) ou retardés avec l'apparition des résistance. De ce fait, une prolongation de ce travail devrait se faire vers la situation de non infériorité, qui revient d'une certaine façon à échanger les rôles des hypothèses H_0 et H_1, en considérant, sous l'hypothèse nulle que l'efficacité différentielle entre le bras testé et le bras de référence est inférieure à un certain écart négatif acceptable. Le rejet de H_0 revient à accepter un effet supérieur ou égal du nouveau traitement par rapport au traitement de référence.

Chapitre 7

Modélisation de la parasitémie

Ce chapitre est un début de réflexion sur la prise en compte des données longitudinales de la densité parasitaire pendant et après traitement. La disponibilité de quelques mesures de parasitémie par sujet dans les essais OCEAC-IRD nous a incitée à collaborer avec le Pr Marc Lavielle et Adeline Samson, pour esquisser une modélisation de l'évolution de la parasitémie des patients mis sous traitement.

Ce travail a donné lieu à une communication affichée.

7.1 Objectifs du travail

L'efficacité biologique des antipaludiques peut être étudiée en comparant l'évolution de la parasitémie entre les groupes de traitements testés. Les questions posées étaient : 1) Comment les parasitémies des individus évoluent-elles dans le temps ? 2) Quels sont les déterminants de l'évolution de la parasitémie ? 3) Les covariables régions, âges, traitement sont elles liées à cette évolution ? L'objectif de cette partie du travail était de modéliser l'évolution de la parasitémie en présence des covariables traitement, centre (qui correspondent à des niveaux de transmissions différent) et de l'âge du patient.

7.2 Données utilisées

Nous avons utilisé les données de 2003 obtenues dans les centres de Yaoundé, Bertoua et Garoua. Au total 519 patients ayant reçu soit AQ, SP ou la combinaison AQSP, et regroupés dans les classes RCPA, EPT, ECT et ETP. Dans cette population composées des enfants de 0 à 5 ans, la densité parasitaire a été mesurée de façon répétée aux jours 0, 2, 3, 7 et 14.

La difficulté était liée à la grande hétérogénéité des mesures, au faible nombre de visites, à leur caractère inégal espacé, à la présence des 0 dans l'échantillon correspondant à une limite de quantification de la densité parasitaire (16 parasites asexués), résultant en une troncature à gauche de la parasitémie. La figure 7.1(a) décrit l'évolution de la parasitémie log-tranformée dans la population générale et 7.1(b) décrit l'évolution dans le groupe RCPA uniquement.

Afin de limiter la grande dispersion des parasitémies, nous nous sommes focalisés sur une classe homogène de sujets, caractérisée par une évolution favorable, la classe RCPA. Le but était de décrire chaque trajectoire individuelle en minimisant l'écart entre les trajectoires observées et les trajectoires prédictes.

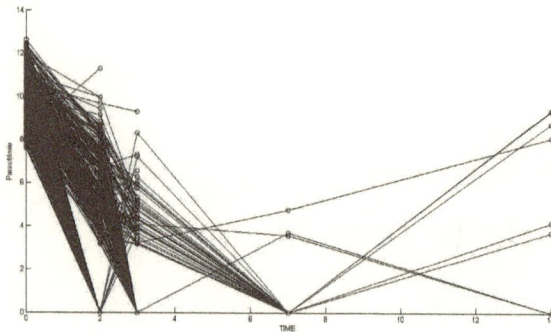

(a)

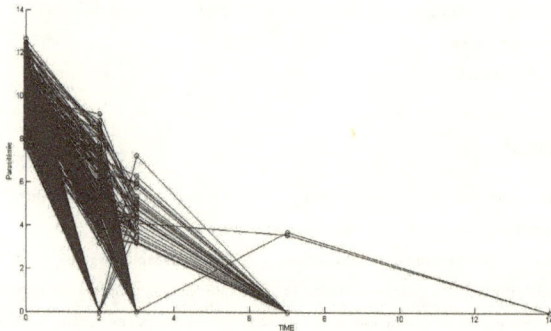

(b)

Table 7.1: (a) : Evolution de la densité parasitaire dans la population totale ; (b) : restriction au groupe ACPR.

7.3 Modèle

Le modèle utilisé a été un modèle bi-exponentiel à effets mixtes. Ce modèle a déjà été utilisé dans les modélisations pharmaco-dynamique et pharmacocinétique, en particulier dans le VIH, pour décrire l'évolution des taux de CD4 après traitement antirétroviral. Nous l'avons adapté à nos données. De façon générale, pour le sujet i à l'instant j, le modèle s'écrit :

- $y_{ij} = f(\phi_i, t_{ij})e^{\sigma \epsilon_{ij}}$, observations au cours du temps
- $f(\phi_i, t_{ij}) = A_{1i}e^{-k_{1i}*t_{ij}} + A_{2i}e^{-k_{2i}*t_{ij}}$, fonction non-linéaire décrivant chaque trajectoire individuelle.
- $\phi_i = (A_{1i}, A_{2i}, k_{1i}, k_{2i})$, le vecteur des paramètres individuels. Chaque composante $\phi_i = X_i\mu + b_i$, avec $b_i \sim$

$N(0, \Omega)$; μ la matrice $k \times p$ des effets fixes, X_i le vecteur des covariables connues.

- $\omega^2 = (\omega_1^2, \omega_2^2, \omega_3^2, \omega_4^2)$, le vecteur des variances des paramètres individuels,
- $\epsilon_{ij} \sim N(0, 1)$, les résidus du modèle.
- $\tilde{y}_{ij} = log(y_{ij})$, le modèle ajusté sur le logarithme des observations.

Les paramètres individuels A_{1i} et A_{2i} sont les valeurs de base de la densité parasitaire pendant le traitement et après traitement, respectivement ; k_{1i} et k_{2i} sont les taux d'élimination associés à ces valeurs ; le paramètre σ représente la variabilité inter-sujets supposée constante entre les mesures au cours du temps. Le taux d'élimination k_1 ou k_2, peut être vu comme la vitesse à laquelle disparaissent les parasites du fait de la présence des molécules thérapeutiques.

7.4   Résultats

Les paramètres ont été estimés à partir d'une extension de l'algorithme SAEM (version stochastique de l'algorithme EM) aux données tronquées (Samson et al, 2006) implémenté dans le logiciel MONOLIX (http ://www.monolix.org). Le test des paramètres était basé sur le test de Wald.

Il n'y a pas eu de difficulté de convergence de l'algorithme, qui était rapide. La table 7.2 présente une estimation des paramètres de population liés aux différentes phases d'évolution de la parasitémie. Au moment où le médicament était administré dans la population des patients RCPA, la densité parasitaire était de $A_1 = 29732$ parasites asexués par microlitre de sang. Pendant les 3 jours de traitement, la synergie entre les molécules thérapeutiques et les parasites a fait que ceux-ci diminuaient avec une vitesse de $k_1 = 3.28$ qui était significativement différente de 0. Sous traitement, la densité parasitaire résiduelle était de $A_2 = 5.81$ avec un faible taux de $k_2 = e^{-3.34} = 0.035$ lié au fait que le médicament s'est éliminé de l'organisme en détruisant les parasites. Les variances ω^2 ont été estimées pour chaque paramètre. Elle sont très élevées au début et deviennent très faibles à la fin du traitement. A chaque instant, la variabilité entre sujets est estimée à 0.70 (SD=0.04).

Parameters	Estimates	SD
$logA1$	10.3	0.06
$logk1$	1.19	0.02
$logA2$	1.76	0.10
$logk2$	-3.34	0.37
ω^2_{logA1}	0.78	0.10
ω^2_{logk1}	0.10	0.01
ω^2_{logA2}	4×10^{-3}	0.17
ω^2_{logk2}	3×10^{-3}	0.81
σ^2	0.70	0.04

Table 7.2: Estimation des paramètres de population chez les patients RCPA.

La figure 7.3 montre le graphique des observations et des prédictions.

Les résultats de la table 7.4 montrent un effet centre significatif (couleur bleue), traduisant une influence de la région sur l'évolution de la parasitémie après traitement : la parasitémie initiale décroît significativement dans les régions de Bertoua (N2) et de Garoua (N3) par rapport à Yaoundé. Nous n'avons pas noté d'effet différentiel traitement (T1, T2), ni d'effet âge du patient sur l'évolution des parasitémies.

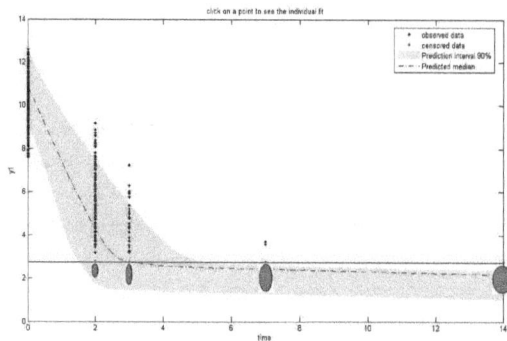

(a)

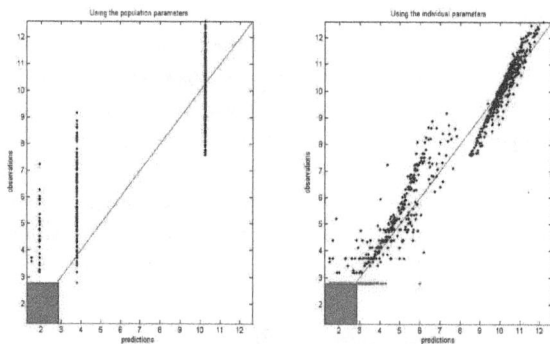

(b)

Table 7.3: (a) : Estimation de la courbe parasitaire et région de prédiction. Les points sphériques en rouge correspondent à la proportion des patients avec parasitémie indétectable ou parasitémie en dessous du seuil de détection. Les petits points bleus correspondent aux observations, le trait horizontal à la limite de quantification, la courbe de prédiction est en traits interrompus et comprise dans l'intervalle de prédiction. (b) : Représentation graphique des observations versus les predictions.

7.5 Conclusion

Nous avons utilisé un modèle non-linéaire à effets mixtes pour décrire l'évolution de la parasitémie dans la classe RCPA. Nous n'avons pas été en mesure de faire une approche sur toute la population entière du fait de la grande hétérogénéité entre les 4 classes. Nos résultats ont montré qu'il n'y avait pas d'effet traitement, par contre la région influençait significativement la parasitémie. Ceci n'est pas étonnant car au chapitre 1, section 1.3.4, les résultats de comparaison de la densité parasitaire ont montré que ces régions étaient différentes et peut être mis en relation avec la fréquence d'exposition au *Plasmodium*, qui diminue du Nord au Sud du Cameroun. Le fait de n'avoir pas observé un effet du traitement peut être lié au fait que l'analyse à été restreinte au groupe d'individus d'évolution favorable. Cependant,

Variable	Paramètres	Estimations	SD	$p-value$
	beta(T1,logk1)	0.009	0.043	1.67
Traitement	beta(T2,logk1)	-0.0072	0.043	1.74
	beta(T1,logk2)	-0.053	0.447	1.81
	beta(T2,logk2)	-0.0047	0.448	1.98
	beta(N2,logk1)	0.114	0.041	0.01
Région	beta(N3,logk1)	0.107	0.045	0.03
	beta(N2,logk2)	-0.111	0.437	1.6
	beta(N3,logk2)	0.144	0.458	1.51
	beta(N2,logA1)	-0.397	0.117	0.001
Région	beta(N3,logA1)	0.022	0.13	1.73
	beta(N2,logA2)	0.093	0.116	0.844
	beta(N3,logA2)	-0.10	0.147	0.997
Age	beta(age,logk1)	0.0012	0.001	0.531
	beta(age,logk2)	0.0038	0.010	1.43

Table 7.4: Test des covariables individuelles sur l'évolution de la parasitémie.

le graphique des observations et des prédictions montre qu'il existait encore de la variabilité dans le groupe RCPA.

Il est vraisemblable que la classe RCPA est constituée en fait de sous-classes dont la recherche pourrait représenter un prolongement de ce travail préliminaire. Un tel projet pourrait s'appuyer sur des techniques de classes latentes [71, 72, 73, 74].

Conclusion générale

Données, Objectif, Méthodes   Dans leur ensemble, les études menées au Cameroun sur lesquelles nous avons été amenés à travailler n'étaient pas de véritables essais thérapeutiques visant à tester une nouvelle molécule ou une nouvelle combinaison thérapeutique. Elles n'étaient pas planifiées sur la base d'une puissance statistique donnée permettant de contrôler la capacité à détecter une différence minimale d'un effet traitement. Le but premier visé par les investigateurs était celui d'estimer dans chaque essai la proportion d'échecs ou de succès pour un médicament ou une association donnés, avec une précision donnée. Cependant, la disponibilité de l'ensemble de ces données d'essais randomisés étalés dans le temps a rendu possible une synthèse quantitative avec l'objectif plus spécifique de notre travail de thèse d'une analyse globale de ces essais menés au Cameroun. L'efficacité thérapeutique a été évaluée à partir du critère de l'OMS. L'enjeu concernait la prise en compte de ce critère dans l'analyse globale de ces essais. La série d'essais disponibles présentait l'avantage d'avoir un protocole unique, avec même population concernée, même région d'étude, même durée de suivi, et un accès aux données individuelles.

Les méthodes statistiques que nous avons utilisées s'inscrivent dans le courant général des techniques de méta- analyse. Le disponibilité des données individuelles nous a permis d'appliquer ces méthodes sur données individuelles, permettant ainsi d'atteindre un niveau de preuve plus élevé, au sens de la médecine reposant sur les preuves ("Evidence Based Medicine"). Une particularité de l'ensemble de ces essais était d'être hétérogène au sens que toutes les combinaisons de traitement n'étaient pas représentées dans tous les essais, renvoyant au concept récent des méthodes de "comparaisons mixtes de traitement". L'originalité du travail a été d'appliquer ces méthodes au cas d'un critère ordinal évalué, dans un premier temps, à un instant unique, puis, dans un second temps, de manière répétée au cours du temps. Ces méthodes, encore appelées méta-analyse en réseau [31], combinent des comparaisons directes et indirectes. Ces méthodes bénéficient de l' approche bayésienne et des techniques d'intégration par méthode MCMC à partir de la distribution de probabilité des paramètres à estimer. Nous avons montré à travers l'analyse des essais à J28 l'avantage des approches bayésiennes. Cette caractéristique d'homogénéité a permis d'accéder aux comparaisons directes et indirectes à l'aide de différents types de modélisation. La modélisation la plus générale a permis de prendre en compte l'hétérogénéité de la variance entre sujets.

A notre connaissance, c'est la première fois qu'une telle modélisation est utilisée sur les données du paludisme. L'analyse a permis de retrouver l'importance du type de traitement ainsi que du temps de suivi. Nous avons pu étudier l'influence de covariables connues à l'inclusion sur la réponse en rapport avec la sévérité apparente de l'accès palustre (parasitémie, température, poids, genre, âge). D'autres covariables pourraient être étudiées comme la qualité nutritionnelle de l'enfant, le milieu environnemental, l'utilisation de moustiquaires imprégnées, avec la difficulté de la nécessaire discrétisation des variables continues et de l'imputation des données manquantes.

Place des résultats dans les politiques de santé Les résultats obtenus sur l'efficacité des ACTs s'intègrent bien dans les politiques actuelles de lutte contre le paludisme en Afrique Sub-Saharienne. Pour le cas particulier du Cameroun, nos résultats ont montré que les deux politiques de lutte ASAQ et AMLM étaient à efficacité comparable. Ce qui justifie probablement leur choix dans la lutte contre le paludisme. Dans les pays comme le Mali, l'Uganda, le Ghana, le Nigéria, ASAQ et AMLM ont été recommandés sur la base d'essais randomisés, comme médicaments de première intention pour le paludisme non compliqué. La combinaison DHPP est apparue plus efficace que ASAQ et à efficacité comparable avec AMLM. Cette combinaison n'est pas encore reconnue dans les politiques de santé, mais est très prometteuse en termes d'efficacité. La stratégie AMLM a été moins efficace que la combinaison ASMQ. Cette dernière combinaison apparait comme une alternative dans les analyses d'efficacités thérapeutiques.

Nous n'avons pas approfondi les comparaisons entre ACTs et monothérapies car, ces dernières à l'exemple de Amodiaquine, ne sont plus administrées.

En ce qui concerne les ACTs, la principale question concerne la durée de la période pendant laquelle s'étendra leur efficacité. Une piste à explorer est celle de la pharmacovigilance avec identification des effets secondaires afin de garder un meilleur profil pharmacologique de ces dérivés de l'artémisinine, ce qui nécessiterait de grandes tailles d'échantillons. La question est celle de savoir s'il y aura de nouvelles combinaisons thérapeutiques, auquel cas, elles nécessiteront d'être testées en population générale, et sur un grand nombre de sujets d'où l'étude sur le calcul du nombre de sujets. La baisse de sensibilité des souches de *P. falciparum* aux dérivés de l'artémisinine, rapportée en Asie du Sud-Est, est inquiétante et justifie la mise en place d'un système de surveillance de l'efficacité thérapeutique des ACTs en Afrique.

Est-il possible que de nouvelles combinaisons thérapeutiques soient rendues disponibles ? Il est fort probable que les médicaments atteignant les phases avancées de développement clinique dans les années à venir seront associés aux dérivés de l'artémisinine, sauf dans le cas, peu probable, d'incompatibilité des combinaisons (par exemple, antagonisme de l'effet schizonticide, augmentation des effets indésirables, voire toxicité). C'est le cas de la pyronaridine, actuellement en phase de développement clinique en association avec l'artésunate. Une autre nouvelle combinaison possible est l'artésunate-atovaquone-proguanil (Malarone®) [75, 76]. L'atovaquone-proguanil est actuellement le médicament antipaludique de première ligne pour la chimioprophylaxie et pour le traitement du paludisme non compliqué dans plusieurs pays européens, y compris la France. D'autres médicaments prometteurs, comme la fosmidomycine, ont été administrés chez l'homme en combinaison avec un des dérivés de l'artémisinine.

Le critère ordinal OMS a l'avantage de simplifier les résultats sur l'efficacité thérapeutique obtenus sur le terrain et de fournir ces résultats aux décideurs, qui ont souvent besoin d'une vue globale, claire et simple à comprendre pour renforcer ou éventuellement changer la politique nationale ou régionale de lutte contre le paludisme sur la base des données concrètes et fiables. Cependant, la prise en compte du critère OMS comme critère ordinal impose des méthodologies statistiques plus complexes qui restent peu ou pas utilisées dans le domaine du paludisme.

Lorsqu'il s'agit de comparer de façon globale l'efficacité des antipaludiques, une comparaison des proportions de RCPA ou d'échec peut être suffisante. Pour prendre en compte le type de réponse sur données individuelles, la méthode de régression ordinale est adaptée. Une difficulté est la présence fréquente de zéros d'échantillonnage en dehors de la classe RCPA, dans les essais de petites tailles, du fait de l'efficacité actuelle de l'ACT en Afrique. Toutefois, il est envisageable de développer, en parallèle avec la méthode simple et existante de l'OMS, une méthode alternative pour raffiner l'analyse épidémiologique et augmenter la sensibilité de l'analyse fondée sur le critère catégoriel. L'amalgame de l'échec thérapeutique précoce avec les échecs tardifs, qu'ils soient parasitologique ou clinique, dans une seule classe dite " échec thérapeutique " est intuitivement aberrant, car le premier implique l'aggravation clinique, voire l'évolution rapide et foudroyant vers le paludisme grave ou cérébral, potentiellement mortelle dans moins de 3 jours après le début du traitement, tandis que la notion de l'échec tardif observé dans la plupart du temps au-delà de J14 ou J21 après le traitement à l'ACT semble moins grave, à l'exception d'une nouvelle infection qui pourrait répondre différemment par rapport à l'infection initiale à J0.

L'imputation des réponses manquantes dans le cas des données corrigées par PCR reste à explorer. Une autre façon de comparer les antipaludiques est de modéliser l'évolution de la parasitémie. L'une des difficultés a été d'ajuster un modèle sémi-paramétrique décrivant l'évolution dans les 4 catégories du critère OMS. Pour cela, des développements récents ayant pour objectif de détecter des classes à partir des données longitudinales et de modéliser les observations contenues dans ces classes à partir des variables latentes, constituent des pistes de travaux futurs [72, 73, 74].

Ce travail a été une occasion de découvrir l'importance des registres d'essais cliniques. Ces registres (http ://www.clinicaltrials http ://www.circare.org/registries.htm ; http ://apps.who.int) avec des moteurs de recherche propres (http ://apps.who.int/trial ont été créés pour s'assurer de la qualité des essais et de leurs caractères prospectifs, permettre de faire connaître les essais en cours aux chercheurs, médecins et patients potentiels afin de faciliter leur recrutement et éviter les doublons, enfin faciliter les méta- analyses. Dans notre travail, une difficulté a été la non disponibilité d'un numéro d'enregistrement des essais menés au Cameroun. Dès lors que cette série d'essais avait été débuté bien avant septembre 2005, les chercheurs en charge de ce projet et leur organisme de tutelle (IRD) n'avaient pas cru nécessaire de faire un enregistrement préalable auprès d'un registre d'essai clinique international, rendu obligatoire à partir du 01/09/2005 [77].

Limite et perspectives Une des limites de ce travail est de n'avoir rassemblé que les essais menés au Cameroun. Quel impact a-t-il pour le Cameroun, l'IRD, l'OCEAC ? OMS ?

Etant donné une indication clinique, les cliniciens, chercheurs ou décideurs politiques ont souvent le choix entre différentes stratégies thérapeutiques, ce qui justifie les travaux apportant des preuves (au sens de la médecine reposant sur les preuves) d'efficacité des thérapeutiques. En perspective de recherche, il paraît essentiel de travailler à la mise à jour des informations sur l'efficacité thérapeutique des antipaludiques et explorer d'autres méthodes, telles la détermination des facteurs de risque de mortalité selon les strates de population et l'étude de cohortes qui comportent le bras "paludisme grave". Il est à noter que d'autres approches de l'étude de la chimiorésistance existent : le test de sensibilité in vitro et les marqueurs moléculaires de résistance. L'ensemble de ces approches, en prenant en compte des strates dans une population donnée ainsi que les contextes épidémiologiques (niveau de transmission et d'immunité acquise, saisonnalité de transmission, pharmacocinétique des ACT), sera nécessaire pour mieux cerner le problème complexe de la chimiorésistance du paludisme [78].

Bibliographie

[1] Black R E, S Cousens, H L Johnson, J E Lawn, I Rudan, D G Bassani, P Jha, H Campbell, C F Walker, R Cibulskis, T Eisele, Li Liu, and Colin Mathers. Global, regional, and national causes of child mortality in 2008 : a systematic analysis. *Lancet*, 375 :1969–87, 2010.

[2] Singh Balbir, Lee Kim Sung, Asmad Matusop, Anand Radhakrishnan, Sunita S G Shamsul, Janet Cox-Singh, Alan Thomas, and David J Conway. A large focus of naturally acquired plasmodium knowlesi infections in human beings. *Lancet*, 363 :1017–1024, 2004.

[3] Organisation Mondiale de la Santé. Rapport 2008 sur le paludisme dans le monde. Technical report, 2008.

[4] Crawley Jane, Cindy Chu, George Mtove, and François Nosten. Malaria in children. *Lancet*, 375 :1468–81, 2010.

[5] Owusu-Agyei S, Ansong D, Asante K, Kwarteng Owusu S, Owusu R, and et al. Randomized controlled trial of RTS,S/AS02D AND RTS,S/AS01E malaria candidate vaccines given according to different schedules in Ghanaian children. *PLoS One.*, 4(10), 2009.

[6] Dutta S, Sullivan JS, Grady KK, Haynes JD, Komisar J, Batchelor AH, Soisson L, Diggs CL, Heppner DG, Lanar DE, Collins WE, and Barnwell JW. High antibody titer against apical membrane antigen-1 is required to protect against malaria in the Aotus model. *PLoS One.*, 4(12) :e8138, 2009.

[7] Moorthy VS and Kienny MP. Reducing empiricism in malaria vaccine design. *Lancet Infect Dis.*, 10(3) :204–11, 2010.

[8] World Health Organization. *Assessment and monitoring of antimalarial drug efficacy for the treatment of uncomplicated falciparum malaria Geneva : World Health Organization.*, 2003.

[9] Barnes K I, F Little, A Mabuza, N Mngomezulu, J Govere, D Durrheim, C Roper, B Watkins, and N J. White. Increased gametocytemia after treatment : An early parasitological indicator of emerging sulfadoxine- pyrimethamine resistance in falciparum malaria. *Journal of Infectious Diseases*, 197 :1605–1613, 2008.

[10] Ongolo-Zogoa Pierre and Renée-Cécile Bononoa. Policy brief on improving access to artemisinin-based combination therapies for malaria in Cameroon. *International Journal of Technology Assessment in Health Care*, 26 :237–241, 2010.

[11] Vandermeer Ben W, Nina Buscemi, Yuanyuan Liang, and Manisha Witmans. Comparison of meta-analytic results of indirect, direct, and combined comparisons of drugs for chronic insomnia in adults : a case study. *Med Care*, 45(10 Supl 2) :S166–S172, Oct 2007.

[12] Song Fujian, Yoon K Loke, Tanya Walsh, Anne-Marie Glenny, Alison J Eastwood, and Douglas G Altman. Methodological problems in the use of indirect comparisons for evaluating healthcare interventions : survey of published systematic reviews. *BMJ*, 338 :b1147, 2009.

[13] CDS-HTM Information Resource Centre, World Health Organization. *Bench aids for the diagnosis of malaria infections.*, 2001.

[14] Werry M. *Protozoologie Médicale*. De Boeck & Larcier S.A, 1995.

[15] Peter M. Philipson, Weang Kee Ho, and Robin Henderson. Comparative methods for handling drop-out in longitudinal studies. *Statist. Med.*, 27 :6276–6298, 2008.

[16] Sterne J. A C, White I R, Carlin J B, M Spratt, P Royston, M G Kenward, A M Wood, and J R Carpenter. Multiple imputation for missing data in epidemiological and clinical research : potential and pitfalls. *BMJ*, 338 :b2393, 2009.

[17] Hasselblad V. Meta-analysis of multitreatment studies. *Med Decis Making*, 18(1) :37–43, 1998.

[18] Ades A. E. A chain of evidence with mixed comparisons : models for multi-parameter synthesis and consistency of evidence. *Stat Med*, 22(19) :2995–3016, 2003.

[19] Lu G. and Ades A. E. Combination of direct and indirect evidence in mixed treatment comparisons. *Stat Med*, 23(20) :3105–3124, Oct 2004.

[20] Caldwell Deborah M, A. E. Ades, and J. P T Higgins. Simultaneous comparison of multiple treatments : combining direct and indirect evidence. *BMJ*, 331(7521) :897–900, Oct 2005.

[21] Dias S., Welton N. J., Caldwell D. M., and Ades A. E. Checking consistency in mixed treatment comparison meta-analysis. *Statistics in Medicine*, 29 :932–944, 2008.

[22] Latthe Pallavi M, Pinki Singh, Richard Foon, and Philip Toozs-Hobson. Two routes of transobturator tape procedures in stress urinary incontinence : a meta-analysis with direct and indirect comparison of randomized trials. *BJU Int*, Nov 2009.

[23] Lim Eric, Grace Harris, Amit Patel, Iki Adachi, Lyn Edmonds, and Fujian Song. Preoperative versus postoperative chemotherapy in patients with resectable non-small cell lung cancer : systematic review and indirect comparison meta-analysis of randomized trials. *J Thorac Oncol*, 4(11) :1380–1388, Nov 2009.

[24] Griffin Susan, Laura Bojke, Caroline Main, and Stephen Palmer. Incorporating direct and indirect evidence using bayesian methods : an applied case study in ovarian cancer. *Value Health*, 9(2) :123–131, 2006.

[25] Jansen Jeroen P. Self-monitoring of glucose in type 2 diabetes mellitus : a bayesian meta-analysis of direct and indirect comparisons. *Curr Med Res Opin*, 22(4) :671–681, Apr 2006.

[26] Jansen Jeroen P, Crawford Bruce, Gert Bergman, and Wiro Stam. Bayesian meta-analysis of multiple treatment comparisons : an introduction to mixed treatment comparisons. *Value Health*, 11(5) :956–964, 2008.

[27] A. Whitehead, R. Z. Omar, J. P. Higgins, E. Savaluny, R. M. Turner, and S. G. Thompson. Meta-analysis of ordinal outcomes using individual patient data. *Stat Med*, 20(15) :2243–60, 2001.

[28] Molenberghs Geert and Lesaffre Emmanuel. Marginal modelling of correlated ordinal data using a multivariate plackett distribution. *Journal of the American statistical association*, 89 :633–644, 1994.

[29] Parsons Nick R., Matthew L. Costa, Juul Achten, and Nigel Stallard. Repeated measures proportional odds logistic regression analysis of ordinal score data in the statistical software package R. *Computational Statistics and Data Analysis*, 53 :632–641, 2009.

[30] Foulley Jean-Louis and Jaffrézic Florence. Modelling and estimating heterogeneous variances in threshold models for ordinal discrete data via winbugs/openbugs. *Comput. Methods Programs Biomed*, 24 :19–27, 2010.

[31] Chevalier P. Méta-analyse en réseau : comparaisons directes et indirectes. *Minerva*, 8 :148–148, 2009.

[32] Chung Hyoju and Lumley Thomas. Graphical exploration of network meta-analysis data : the use of multidimensional scaling. *Clin Trials*, 5(4) :301–307, 2008.

[33] Jansen FH, Lesaffre E, Penali LK, Garcia Zattera MJ, Die-Kakou H, and Bissagnene E. Assessment of the relative advantage of various artesunate-based combination therapies by a multi-treatment bayesian random-effects meta-analysis. *Am J Trop Med Hyg*, 27 :1703–1717, 2007.

[34] Liu Y. and Agresti A. The analysis of ordered categorical data : an overview and a survey of recent developments. *Societas de Estadistica e Investigacion Operativa*, 2005.

[35] Kim Hae-Young, John M. Williamson, and Cynthia M. Lyles. Sample-size calculations for studies with correlated ordinal outcomes. *Statist. Med.*, 19 :2977–2987, 2005.

[36] Raman Rema and Hedeker Donald. A mixed-effects regression model for three-level ordinal response data. *Statist. Med.*, 24 :3331–3345, 2005.

[37] Carriere Isabelle. *Comparaisons des méthodes d'analyse des données binaires ou ordinales corrélées. Application à l'étude longitudinale de l'incapacité des personnes âgées.* PhD thesis, Université Paris XI, 2005.

[38] Rizopoulos Dimitris. ltm : An r package for latent variable modeling and item response theory analyses. *Journal of statistical software*, 17, 2006.

[39] Lipsitz SR, Kim K, and Zhao L. Analysis of repeated categorical data using generalized estimating equations. *Statist. Med.*, 13 :1149–1163, 1994.

[40] Agresti A. *Categorical Data Analysis, (2nd edn).* Wiley : New Jersey., 2002.

[41] Meza Cristian, Florence Jaffrézic, and Jean-Louis Foulley. Estimation in the probit normal model for binary outcomes using the SAEM algorithm. *Computational Statistics and Data Analysis*, 11 :024, 2008.

[42] Harrell Frank E. *Regression modelling strategies with applications to linear models,logistic regression, and survival anlysis.* Springer, 2005.

[43] Choi Hyun Jip. A simple method for constructing multidimensional distributions of correlated categorical data. *Communications in Statistics - Simulation and Computation*, 37 :1377–1384, 2008.

[44] Gange Stephen J. Generating multivariate categorical variates using the iterative proportional fitting algorithm. *The American Statistician*, 49 :134–138, 1995.

[45] Schafer F J. L. *Analysis of Incomplete Multivariate Data.* Chapman and Hall, 1996.

[46] Van Buuren S., Brand J.P.L., Groothuis-Oudshoorn C.G.M., and Rubin D.B. Fully conditional specification in multivariate imputation. *Journal of Statist Comput and Simulation*, 75(12), 2006.

[47] Van Buuren S. Multiple imputation of discrete and continuous data by fully conditional specification. *Statistical Methods in Medical Research*, 16(3), 2007.

[48] Ashley E A and et al. Different methodological approaches to the assessment of in vivo efficacy of three artemisinin-based combination antimalarial treatments for the treatment of uncomplicated falciparum malaria in African children. *Malar J*, 7 :154, 2008.

[49] Guthmann Jean-Paul, Sandra Cohuet, Christine Rigutto, Filomeno Fortes, Nilton Saraiva, James Kiguli, Juliet Kyomuhendo, Max Francis, Frédéric Noell, Maryline Mulemba, and Suna Balkan. High efficacy of two artemisinin-based combinations (artesunate + amodiaquine and artemether + lumefantrine) in Caala, Central Angola. *Am J Trop Med Hyg*, 75(1) :143–145, Jul 2006.

[50] Meremikwu Martin, Ambrose Alaribe, Regina Ejemot, Angela Oyo-Ita, John Ekenjoku, Chukwuemeka Nwachukwu, Donald Ordu, and Emmanuel Ezedinachi. Artemether-lumefantrine versus artesunate plus amodiaquine for treating uncomplicated childhood malaria in Nigeria : randomized controlled trial. *Malar J*, 5 :43, 2006.

[51] Hasugian A. R., H. L E Purba, E. Kenangalem, R. M. Wuwung, E. P. Ebsworth, R. Maristela, P. M P Penttinen, F. Laihad, N. M. Anstey, E. Tjitra, and R. N. Price. Dihydroartemisinin-piperaquine versus artesunate-amodiaquine : superior efficacy and posttreatment prophylaxis against multidrug-resistant plasmodium falciparum and plasmodium vivax malaria. *Clin Infect Dis*, 44(8) :1067–1074, 2007.

[52] Mens Petra F, Patrick Sawa, Sandra M van Amsterdam, Inge Versteeg, Sabah A Omar, Henk D F H Schallig, and Piet A Kager. A randomized trial to monitor the efficacy and effectiveness by qt-nasba of artemether-lumefantrine versus dihydroartemisinin-piperaquine for treatment and transmission control of uncomplicated plasmodium falciparum malaria in western Kenya. *Malar J*, 7 :237, 2008.

[53] Yeka Adoke, Grant Dorsey, Moses R Kamya, Ambrose Talisuna, Myers Lugemwa, John Bosco Rwakimari, Sarah G Staedke, Philip J Rosenthal, Fred Wabwire-Mangen, and Hasifa Bukirwa. Artemether-lumefantrine versus dihydroartemisinin-piperaquine for treating uncomplicated malaria : a randomized trial to guide policy in Uganda. *PLoS One*, 3(6) :e2390, 2008.

[54] Arinaitwe E, Taylor G Sandison, H Wanzira, A Kakuru, Jaco Homsy, Julius Kalamya, Moses R Kamya, N Vora, B Greenhouse, P J Rosenthal, J Tappero, and G Dorsey. Artemether-lumefantrine versus dihydroartemisinin-piperaquine for falciparum malaria : a longitudinal, randomized trial in young Ugandan children. *Clin Infect Dis*, 49(11) :1629–1637, 2009.

[55] Hutagalung Robert, Lucy Paiphun, Elizabeth A Ashley, Rose McGready, Alan Brockman, Kaw L Thwai, Pratap Singhasivanon, Thomas Jelinek, Nicholas J White, and François H Nosten. A randomized trial of artemether-lumefantrine versus mefloquine-artesunate for the treatment of uncomplicated multi-drug resistant plasmodium falciparum on the western border of Thailand. *Malar J*, 4 :46, 2005.

[56] Sagara Issaka, Abdoulbaki Diallo, Mamady Kone, Modibo Coulibaly, Sory Ibrahima Diawara, Ousmane Guindo, Hamma Maiga, Mohamed Balla Niambele, Mady Sissoko, Alassane Dicko, Abdoulaye Djimde, and Ogobara K Doumbo. A randomized trial of artesunate-mefloquine versus artemether-lumefantrine for treatment of uncomplicated plasmodium falciparum malaria in Mali. *Am J Trop Med Hyg*, 79(5) :655–661, Nov 2008.

[57] Faye Babacar, Jean Louis Ndiaye, Roger Tine, Khadim Sylla, Ali Gueye, Aminata Colle L, and Oumar Gaye. A randomized trial of artesunate mefloquine versus artemether lumefantrine for the treatment of uncomplicated plasmodium falciparum malaria in Senegalese children. *Am J Trop Med Hyg*, 82(1) :140–144, 2010.

[58] Smithuis Frank, Moe Kyaw Kyaw, Ohn Phe, Khin Zarli Aye, Lhin Htet, Marion Barends, Niklas Lindegardh, Thida Singtoroj, Elizabeth Ashley, Saw Lwin, Kasia Stepniewska, and Nicholas J White. Efficacy and effectiveness of dihydroartemisinin-piperaquine versus artesunate-mefloquine in falciparum malaria : an open-label randomised comparison. *Lancet*, 367(9528) :2075–2085, Jun 2006.

[59] Kayentao Kassoum, Hamma Maiga, Robert D Newman, Meredith L McMorrow, Annett Hoppe, Oumar Yattara, Hamidou Traore, Younoussou Kone, Etienne A Guirou, Renion Saye, Boubacar Traore, Abdoulaye Djimde, and Ogobara K Doumbo. Artemisinin-based combinations versus amodiaquine plus sulphadoxine-pyrimethamine for the treatment of uncomplicated malaria in Faladje, Mali. *Malar J*, 8 :5, 2009.

[60] Sinclair David, Babalwa Zani, Sarah Donegan, Piero Olliaro, and Paul Garner. Artemisinin-based combination therapy for treating uncomplicated malaria. *Cochrane Database Syst Rev*, (3) :CD007483, 2009.

[61] Boreinstein M., L. V. Hedges, J.P.T. Higgins, and H. R. Rothstein. *Introduction to meta-analysis*. Wiley, 2009.

[62] Aponte JJ, Schellenberg D, Egan A, and et al. Efficacy and safety of intermittent preventive treatment with sulfadoxine-pyrimethamine for malaria in african infants : a pooled analysis of six randomised, placebo-controlled trials. *Lancet*, 374 :1533–42, 2009.

[63] Harrell FE et al. Development of a clinical prediction model for an ordinal outcome. *Statist Med*, 17 :909–944, 1998.

[64] Song Fujian, Douglas G Altman, Anne-Marie Glenny, and Jonathan J Deeks. Validity of indirect comparison for estimating efficacy of competing interventions : empirical evidence from published meta-analyses. *BMJ*, 326(7387) :472, Mar 2003.

[65] Lu G, Ades AE, Sutton AJ, N. J. Cooper, A. H. Briggs, and D. M. Caldwell. Meta-analysis of mixed treatment comparisons at multiple follow-up times. *Statist. Med.*, 26 :3681–99., 2007.

[66] Rochon J. Application of gee procedures for sample size calculations in repeated measures experiments. *Statist. Med*, 17 :1643–1658, 1998.

[67] Zeger S. L. and Liang K. Y. Longitudinal data analysis for discrete and continuous outcomes. *Biometrics*, 42(1) :121–130, 1986.

[68] Whitehead J. Sample size calculations for ordered categorical data. *Statist Med*, 13 :2257–2271, 1993.

[69] Stephen J Walters. Sample size and power estimation for studies with health related quality of life outcomes : a comparison of four methods using the sf-36. *Health Qual Life Outcomes*, 2 :26, 2004.

[70] Shu-Mei Wan, Chien-Hua Wu, Ya-Min Tseng, and Ming-Jie Wang. An improved algorithm for sample size determination of ordinal response by two groups. *Communications in Statistics - Simulation and Computation*, 38 :2235–2242, 2009.

[71] Naoko Taguchi and Toshiro Tango. A latent class mixture model combined with proportional odds model for repeated measurements in clinical trials. 2008. Travaux présentés au congrès ISCB 2008.

[72] Proust C., Jacqmin-Gadda H., Taylor J.M., J. Ganiayre, and Commenges D. A nonlinear model with latent process for cognitive evolution using multivariate longitudinal data. *Biometrics*, 62(4) :1014–1024, 2006.

[73] Proust C., Letenneur L., and Jacqmin-Gadda H. A nonlinear latent class model for joint analysis of multivariate longitudinal data and a binary outcome. *Statist. Med*, 26 :2229–2245, 2007.

115

[74] Proust C., Amieva H., and Jacqmin-Gadda H. Latent process approach for multivariate heterogeneous mixed longitudinal data. Ce papier a été présenté lors de l'atelier INSERM du 4-6 juin 2010, April 2010.

[75] Overbosch D, H Schilthuis, U Bienzle, R H. Behrens, K C. Kain, P D. Clarke, S Toovey, J Knobloch, H Dieter Nothdurft, Dea Shaw, N S. Roskell, Jeffrey D. Chulay, and the Malarone International Study Teamb. Atovaquone-proguanil versus mefloquine for malaria prophylaxis in nonimmune travelers : Results from a randomized, double-blind study. *Clin Infect Dis*, 33 :1015–1021, 2001.

[76] Basco L. K. Molecular epidemiology of malaria in cameroon. xvii. baseline monitoring of atovaquone-resistant plasmodium falciparum by in vitro drug assays and cytochrome b gene sequence analysis. *Am J Trop Med Hyg*, 69(2) :179–83, 2003.

[77] De Angelis Catherine, Jeffrey M. Drazen, Frank A. Frizelle, Charlotte Haug, John Hoey, Richard Horton, Sheldon Kotzin, Christine Laine, Ana Marusic, A. John P.M. Overbeke, Torben V. Schroeder, and Martin B. Van Der Weyden. Clinical trial registration : A statement from the international committee of medical journal editors. *NEJM*, 351 :1250–1251, 2004.

[78] Basco L and Ringwald P. Chimiorésistance du paludisme : problèmes de la définition et de l'approche technique. *Cahiers d'études et de recherches francophones/Santé*, 10 :47–50, 2000.

Liste des tableaux

117

Table des figures

Table des matières